M60
MENCK
M60
NCK
M 75

Verlag Podszun-Motorbücher GmbH
Elisabethstraße 23-25, D-59929 Brilon
Internet: www.podszun-verlag.de
Email: info@verlag-podszun.de

Herstellung Druckhaus Cramer, Greven

ISBN 978-3-86133-569-6

Die Fotos auf der ersten und der letzten Seite sollen Sie aufmerksam machen auf zwei Artikel von Ernst Weber, die im nächsten Jahrbuch erscheinen: „Bergung des Menck M60 Nr. 50574" und „Seilbagger im Süden von Brasilien"

Jahrbuch 2011 Baumaschinen

PODSZUN

Liebe Leserin, lieber Leser!

Dies ist die elfte Ausgabe des Jahrbuchs Baumaschinen. Wir freuen uns, Ihnen wieder eine interessante Auswahl von Themen rund um Ihr Hobby anbieten zu können. Dank gilt an dieser Stelle allen Autoren und Bildgebern, die in den letzten Wochen und Monaten mit Engagement und einer Menge Zeitaufwand gearbeitet haben, damit dieses Jahrbuch rechtzeitig zur Frankfurter Buchmesse erscheinen kann. Übrigens: Abbildungen, die nicht namentlich gekennzeichnet sind, wurden jeweils von den Verfassern der Artikel zur Verfügung gestellt.

Dank gilt auch Ihnen, liebe Leserin, lieber Leser, für die Zuschriften oder Telefonate, in denen Sie Kritik äußerten und Anregungen lieferten. Wir freuen uns auf den Kontakt mit Ihnen und sind gerne bereit, Ihre Wünsche zu berücksichtigen.

Viel Vergnügen mit dem Jahrbuch und nicht vergessen: Das nächste Jahrbuch Baumaschinen, die Ausgabe 2012, ist ab Oktober 2011 erhältlich.

Ihr Redaktionsteam „Jahrbuch Baumaschinen"

P.S.

Sie können das Jahrbuch in Buchhandlungen oder direkt beim Verlag abonnieren.
Von den Ausgaben 2002, 2003, 2004, 2005, 2006, 2007, 2008, 2009 und 2010 sind noch einige Restexemplare lieferbar. Fordern Sie kostenlos und völlig unverbindlich unser Gesamtverzeichnis an mit Büchern über Schwertransporte, Baumaschinen, Lastwagen, Autos, Motorräder, Traktoren, Lokomotiven und Feuerwehrfahrzeuge:

Verlag Podszun-Motorbücher GmbH
Elisabethstraße 23-25, D-59929 Brilon, Telefon 02961 / 53213, Fax 02961 / 2508
Email: info@verlag-podszun.de, Internet: www.podszun-verlag.de

Doppelmotoren-Baumaschinen

von Heinz-Herbert Cohrs

Bei Bau- und Gewinnungsmaschinen gibt es eine einfache Faustregel: Je größer die Maschine ist, desto größer ist ihre Lade- oder Förderleistung. Mit anderen Worten: Mit einer großen Maschine kann ein Fahrer pro Zeiteinheit deutlich mehr Kubikmeter oder Tonnen bewegen als mit einer kleinen. Doch zum Erbringen außergewöhnlich hoher Leistungen sind außergewöhnlich hohe Kräfte erforderlich.

Um derartige Kräfte zu erzeugen, reicht ein Motor manchmal nicht aus. Das kann mehrere Gründe haben: Oft ist kein ausreichend starker Motor verfügbar, der nur relativ wenig Bauraum einnimmt, denn Lokomotiven- oder gar Schiffsdiesel können nicht ohne weiteres in einer Baumaschine untergebracht werden. Oder aber der Maschinenhersteller entschliesst sich aus bestimmten Gründen, nicht einen großen, vielleicht kaum ausgereiften Motor zu verwenden, sondern besser zwei etwas kleinere.

Zudem werden bei einigen Maschinentypen auch zwei getrennte Antriebsstränge bevorzugt. Eine solche Antriebsweise kann in der Konstruktion einfacher zu realisieren oder beim Einsatz leichter regelbar sein als nur ein sehr großer Antrieb. Das betrifft beispielsweise bei Scrapern die getrennten Antriebe in Vorder- und Hinterwagen, die beiden separaten Raupenantriebe jeder Maschinenseite bei Planierraupen oder auch die Trennung der Antriebe von Ober- und Unterwagen bei Baggern. In all diesen Fällen erübrigt die Antriebstechnik mit Doppelmotoren auch Konstruktion, Betrieb und Wartung aufwendiger Kraftübertragungen „quer durch die Maschine".

Früher, vornehmlich in den fünfziger bis siebziger Jahren, waren zwei Motoren so manches Mal die einzige Lösung, eine Maschine mit genügender Motorleistung zu versehen. Heute hat sich das Bild gewandelt, denn die „Leistungsdichte" moderner Motoren hat sich erheblich verbessert: Auf weniger Raum kann sehr viel mehr Motorleistung untergebracht werden. Dennoch werden auch heute noch einige große Bau- und Gewinnungsmaschinen von zwei Dieselmotoren angetrieben.

Die bekanntesten Doppelmotorenmaschinen dürften Scraper sein, denn bei ihnen sind die Motoren auf dem Triebkopf und über der Hinterachse sofort erkennbar. Zu den weltweit meistverbreiteten und über den längsten Zeitraum gebauten Maschinen mit zwei Motoren zählt sicherlich der 36 t ladende und mit Last 75 t wiegende Terex TS-24 mit 644 PS Gesamtleistung. Die erste Version wurde bereits 1957 von Euclid auf den Markt gebracht

Anders als bei Scrapern sieht man vielen Doppelmotorenmaschinen die zweifache Motorisierung auf den ersten Blick nicht an. Dazu gehören zahlreiche große Hydraulikbagger, beispielsweise der 530 t wiegende Liebherr R 996 mit 28 m³ fassender Klappschaufel. Für den Antrieb sorgen zwei im Oberwagen hintereinander angeordnete Cummins-Motoren mit zusammen 3048 PS Leistung

Auf den folgenden Seiten unternehmen wir einen Streifzug durch das Reich der „Doppelmotorenmaschinen“ (wobei einige auch drei, vier oder noch mehr Motoren haben). Bei vielen dieser Maschinen handelt es sich um bedeutende technische Meilensteine. Schließlich reichte bei ihnen die damals verfügbare Motorentechnik und -leistung nicht aus, um die benötigten Kräfte, Vorschub-, Hub- und Förderleistungen aufbringen zu können.

Verdoppelte Nachteile

Dort, wo zwei Motoren für mehr Kraft und Leistung sorgen, bewirken sie auch mehr Nachteile als nur ein Motor. Das beginnt bei der Koordination der beiden Motoren und auch beider Antriebsstränge. Sollen beide Motoren mit gleichen Drehzahlen und gleichem Drehmoment Getriebe, Achsen und Räder oder Raupen antreiben, muss der möglichst präzise Gleichlauf gewährleistet sein.

Im Vergleich zu Maschinen, die durch nur einen Motor angetrieben werden, besteht bei Doppelmotorenmaschinen außerdem die doppelte Chance, dass einer der beiden Antriebe – sei es der Motor oder die Kraftübertragung – ausfällt. Wenn aber einer der beiden Motoren oder Antriebsstränge überraschend seinen Dienst aufgibt, führt das zumeist zum Totalausfall der gesamten Maschine.

Ausnahmen bilden nur wenige Maschinen wie Scraper, die beim Ausfall des Heckmotors noch begrenzt einsatzfähig sind, oder Muldenkipper mit drei Achsen, bei denen bei nur einem verbleibendem Achsantrieb ebenfalls noch beeinträchtigter Fahrbetrieb möglich ist.

Die zweifache Anordnung von Motor und Kraftübertragung sorgt zudem für einen größeren Wartungs- und Reparaturaufwand, im Extremfall kann das sogar der doppelte Aufwand gegenüber einem konventionellen Antrieb sein. Der zweifache Antrieb sorgt nämlich dafür, dass etliche Teile doppelt vorhanden sind, beispielsweise zwei Turbolader, zwei Drehmomentwandler, zwei Getriebe. Hinzu kommen viele zusätzliche Bauteile wie mehrere Antriebswellen, Lager und Kardangelenke.

Ein weiterer Faktor sollte nicht übersehen werden: Die verdoppelte Antriebstechnik sorgt für ein merklich größeres Eigengewicht der Maschine als mit nur einem Motor und Antriebsstrang. Was bei

Konsequent nutzte LeTourneau das Doppel- und Mehrmotorenkonzept, um seine Maschinen wie diesen 21 m langen und 70 m³ fassenden Kohle-scraper mit überragenden Leistungen auszustatten. Dank des diesel-elektrischen Antriebes seiner Scraper, Muldenkipper, Radlader und Raddozer hatte er es gut: Die Motoren, in diesem Fall zwei mit 950 PS, konnten einfach „irgendwo" untergebracht werden, denn die Kraftübertragung erfolgte ja per Kabel zum E-Motor

Seltsame Maschinenentwürfe gab es, bei denen aufgrund bestimmter Konstruktionsparameter auf Doppelmotoren zurückgegriffen wurde. Der Prototyp 670X1 des 29,2 m langen, beladen 313 t schweren Cat-Bodenentleerers für Kohle von 1965 sollte gleichwertig vor- und rückwärts fahren können, um zeitraubende und platzfressende Wendemanöver zu ersparen. Weil das „Vorbeileiten" der Antriebskraft an einer fast 20 m langen Mulde umständlich ist, erhielt der 670X1 zwei baugleiche, 990 PS starke Triebköpfe mit Kabinen des Cat-Muldenkippers 769

Auf breiterer Basis stattete erstmals Euclid Maschinen mit doppelter Motorisierung aus. Ab 1946 war für die Hinterachse eines 14 m³ fassenden Bodenentleerer-Sattelzuges optional ein Heckantrieb erhältlich. An steilen Rampen lastete das meiste Gewicht der beladenen Sattelzüge nicht auf der Antriebsachse der Zugmaschine, sondern auf der Anhängerachse. Deshalb vergrößerte der Heckmotor sowohl Traktion als auch Steigvermögen beträchtlich

Planierraupen als Auflast für den Vortrieb und bei Baggern als willkommenes Kontergewicht genutzt werden kann, bringt bei Scrapern und Muldenkippern jedoch nur höheres Leergewicht mit. Das heißt, dass diese Maschinen bei jeder Fahrt, bei jedem Umlauf aufgrund ihrer Doppelmotoren mehr „Totgewicht" transportieren müssen, was sich in erhöhtem Kraftstoffverbrauch und Reifenverschleiß sowie größerer Antriebsbelastung bemerkbar macht.

Doppelte Kraft für Muldenkipper

Die ersten Maschinen, die mit doppelter Motorisierung ausgestattet wurden, waren Bodenentleerer-Sattelzüge, Muldenkipper und Scraper. Gerade diese Maschinen müssen im beladenen Zustand große Massen beschleunigen und oft auch bergauf schleppen, was beträchtliche Kräfte erfordert. Dabei kann an Lkw-Sattelzüge gedacht werden, die an Steigungen förmlich nur schleichen. Größere Scraper und noch größere Muldenkipper müssen demgegenüber ungleich höhere Eigenmassen und Nutzlasten beschleunigen und aufwärts bewegen. Um das zu ermöglichen, blieben irgendwann nur noch zwei anstelle eines Motors die einzig praktikable Lösung.

Ob ein Motor ausreichte oder zwei Motoren gewählt werden mussten, hing in direktem Maße von der technischen Entwicklung der jeweiligen Zeit ab. 1935 konnten beispielsweise Motoren mit nur 200 PS Leistung eingebaut werden, aber 20 Jahre später schon mit etwa 450 PS. Dennoch konnten die großen Nutzlasten und Gesamtgewichte, die die Konstrukteure in den fünfziger Jahre auf die Räder stellen wollten, von einem Motor kaum noch bewegt werden. Daher erhielten große dreiachsige Muldenkipper einen doppelten Antriebsstrang, wobei meist je ein Motor, Drehmomentwandler und Lastschaltgetriebe eine der beiden Hinterachsen antrieb.

In den sechziger und siebziger Jahren kam man auf eine andere Lösung: Nun wurden die größten Muldenkipper von gewaltigen, 13 bis 16 t schweren, mit nur 900 U/min Drehzahl sehr langsamlaufenden Lokomotivenmotoren mit bis zu 2500 PS Leistung und 130 l Hubraum angetrieben. Erst in den achtziger Jahren konnten neue, kleinere und leichtere Motoren mit hoher Leistungsdichte konstruiert wer-

Das Dröhnen zweier Motoren schallte über das Freigelände der Bauma 1989, damals noch mitten in München auf der Theresienwiese (wo auch das Oktoberfest stattfindet), sobald der brandneue RH 200 von O&K mit seinen beeindruckenden Messevorführungen begann. Die 26 m³ fassende Klappschaufel des Baggers wurde von zwei Cummins-Motoren mit 2060 PS Gesamtleistung bewegt

Gegenüber anderen Doppelmotorenmaschinen kann bei Scrapern der Heckmotor erübrigt und beim Totalausfall sogar ausgebaut werden, wie hier beim rechten Cat 637, der sich bemüht, seinen 72 t schweren Teampartner mittels Push-Pull-Vorrichtung aus einer „festgefahrenen Situation" zu befreien. Demnach wirken hier 425 plus 225 PS beim vorderen 637 und „nur" 425 PS beim hinteren 637

den, beispielsweise der 16-Zylinder-Motor 16V 396 TE44 von MTU mit 2500 PS Leistung und 63 l Hubraum, aber nur 5,1 t Gewicht. Erstmals gelangten solche Motoren in den 240-tons-Muldenkippern von Wiseda (heute Liebherr) erfolgreich zum Einsatz.

Zwei Motoren – ideal für Scraper

Die meistverbreiteten Baumaschinen mit zwei Antriebsmotoren waren Scraper. In den sechziger und siebziger Jahren, als zahllose Scraper (Schürfzüge) auf deutschen Baustellen emsig Erdmassen schürften, transportierten und einbauten, war der Begriff „Doppelmotorenscraper" in aller Munde.

Besonders durch das „Push-Pull-Verfahren", die gegenseitige Schub- und Zughilfe zweier Scraper während des Schürfens, rollten Dutzende von Doppelmotorenscrapern über deutsche Baustellen. Denn um einen Scraperkübel effektiv in kurzer Zeit mit Erde füllen zu können, reicht die Vortriebskraft von nur zwei angetriebenen Achsen nicht aus. Deshalb wurden im „Push-Pull-Einsatz" stets zwei Doppelmotorenscraper benötigt.

Besonders bei Scrapern waren zwei statt nur eines Motors nicht nur wegen der größeren Kraft eine gern gewählte Lösung. Große Probleme bereitete nämlich die Übertragung der Antriebskraft vom Vorderwagen am Kübel vorbei zur Hinterachse.

Da war zunächst das Schwanenhalsgelenk, um das der Vorderwagen um 90° zu jeder Seite drehen und seitlich pendeln (oszillieren) konnte. Allein schon dort erforderte die mechanische Kraftübertragung etliche Wellen, Lager und Kardangelenke. Nun aber wurde es erst richtig schwierig: Die Antriebskraft musste mittels Zahnrädern oder Wellen durch den Bügel seitlich am Scraperkübel vorbei zur Hinterachse geleitet werden. Auch Lösungen, die Antriebswelle direkt über den Kübel hinüber und dann hinunter zur Hinterachse zu führen, waren viel zu umständlich und bewährten sich keineswegs. Unter dem Kübel konnten keine Antriebswellen verlaufen, denn dort wird schließlich in der Erde geschürft.

Erheblich einfacher war es, auf zahllose Wellen, Lager und Gelenke zu verzichten und einfach einen zweiten Motor über die Hinterachse zu setzen. Manche Hersteller wie Caterpillar wählten dabei einen stärkeren Motor für den Vorderwagen und einen schwächeren für die Hinterachse, andere wie IHC und Wabco bevorzugten meist baugleiche Motoren und damit auch Drehmomentwandler und Lastschaltgetriebe, um eine gewisse Standardisierung zu bieten und Ersatzteilhaltung und Reparaturen zu erleichtern.

Doppelmotorenscraper wurden von Allis-Chalmers, Caterpillar, Euclid, Fiatallis, International Harvester, Michigan, Terex und Wabco produziert und gehörten vornehmlich in den sechziger und siebziger Jahren zu den Standardmaschinen auf vielen Baustellen. Heute sind von dieser bunten Herstellervielfalt nur noch Caterpillar und Terex übrig. Abgesehen von einigen Hydraulikbaggern und den Scrapern sterben Doppelmotorenmaschinen damit langsam aus.

Schon ab 1941 verlieh LeTourneau seiner größten zweiachsigen Scraper-Zugmaschine A 5 doppelte Kraft durch zwei auf dem Triebkopf nebeneinander angeordnete Buda-Benzinmotoren. Dies bot die Vorteile, zum Schwenken des Triebkopfes jedes Vorderrad einzeln und separat antreiben zu können (der Triebkopf wurde weder mit Seilzug noch hydraulisch geschwenkt) und zudem das Differential einzusparen

Als „Verkaufsschlager" mit Doppelmotoren erwies sich über die Jahre die fast 40 t schwere Planierraupe TC-12 von Euclid nach dem „Twin-Power"-Prinzip (schwarz-weiß-Bild). Die Raupe wurde von zwei zusammen 390 PS starken GM-Zweitaktmotoren, zwei Wandlern und zwei Lastschaltgetrieben angetrieben und galt lange Zeit als größte der Welt. Später wandelte sich die Doppelmotorenraupe in die 440 PS starke Terex 82-80 mit 5,95 m Schildbreite, hier bei einem Reißeinatz in einem deutschen Steinbruch (farbig)

Doppelmotorenmaschinen waren besonders in den sechziger und siebziger Jahren weit verbreitet und wurden wie beispielsweise der beladen über 110 t wiegende Cat 666 in beachtlichen Stückzahlen produziert. Die beiden Motoren mit 980 PS Gesamtleistung brachten den 666 auf fast 70 km/h Tempo; damit dürfte er der schnellste Scraper aller Zeiten gewesen sein

Zwei zu Sattelanhängern umgebaute Eisenbahnwaggons führten ab 1939 im Kohletagebau Missouris dazu, dass die ursprünglichen Dart-Zugmaschinen anstelle eines Hercules-Benzinmotors zwei Motoren mit zusammen 396 PS erhielten. Die beiden Motoren trieben zwei Generatoren an, die Strom für zwei Elektromotoren an den Tandem-Hinterachsen lieferten. Damit waren das nicht nur die ersten Doppelmotoren-Muldenfahrzeuge, sondern auch die ersten diesel-elektrischen

Der Scraper-Triebkopf LeTourneau A 5, hier mit dem Scraper-Typ OU, fungierte 1941 und 1942 als Prototyp für den Nachfolger A 6. Deutlich sichtbar sind ganz links die beiden nebeneinander eingebauten Buda-Benzinmotoren. Sämtliche Funktionen des Scraperkübels (Heben/Senken, Tor öffnen, Ausschieben) wurden mittels Seilzug durchgeführt

Welche Dimensionen der A 5-Triebkopf von LeTourneau hatte, zeigt der Größenvergleich mit einem zeitgenössischen Pkw. Die damals bei Baumaschinen noch sehr ungewöhnlichen Luftreifen hatten immerhin schon 2,86 m Durchmesser! Interessant ist die recht aufwendige Seiltechnik zur Betätigung der Scraperfunktionen

Links: Die von Euclid ab 1946 nach dem „Twin Power"-Konzept gebauten Bodenententleerer verhalfen Maschinen mit Doppelmotoren zu breiter Anerkennung. Der Heckmotor wurde vom Fahrerhaus bedient, damals keine Selbstverständlichkeit. Die zu jener Zeit neuen Allison-Lastschaltgetriebe am vorderen und hinteren Getriebe erleichterten die „weiche" Koordination beider Antriebe beim Schalten

„Twin Power“ erwies sich als so erfolgreich und verlieh dermaßen viel Kraft, dass Euclid dieses Antriebskonzept ab 1942 auch für Muldenkipper verwendete, hier der 1FFD für 31 t Nutzlast mit zwei 190-PS-GM-Dieseln und zwei Drehmomentwandlern. Der 1FFD gilt 1947 als größter Muldenkipper der Welt, nicht zuletzt dank seiner Doppelmotoren

Der exklusive „Twin Power“-Antrieb war in den vierziger Jahren durchaus noch erklärungsbedürftig, weshalb Euclid in Prospekten und Anzeigen die Vorteile anschaulich darstellte. Sowohl bei Muldenkippern (links) als auch Bodenentleerern (rechts) bevorzugte Euclid zwei völlig separate Antriebsstränge

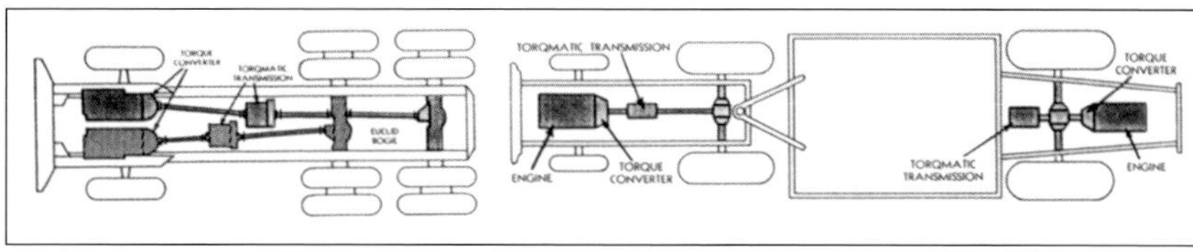

Aus dem zweimotorigen A 5 von LeTourneau wurde 1942 der Tournapull A 6, mit 23 m³ Kübelinhalt damals der bei weitem größte Scraper der Welt. Anders als bei späteren Doppelmotorenscrapern rollten die Hinterräder antriebslos. Stattdessen waren wie beim A 5 die beiden Motoren parallel nebeneinander im Vorderwagen angeordnet, so dass jeder Motor ein Rad antrieb. Die Winden für die Seilbetätigung des Scraperkübels wurden elektrisch betätigt

Zur Erhöhung der Traktionsleistung setzte Euclid ab 1948 nach dem „Twin Power"-Konzept auch bei Scrapern wie dem 51FDT-15SH auf die Hinterachse einen zweiten Motor samt Drehmomentwandler und Lastschaltgetriebe, was zu den ersten Doppelmotorenscrapern mit Allradantrieb führte. Diese Antriebsart wurde in den folgenden Jahrzehnten von zahlreichen Herstellern nachgeahmt. Der Kübel fasste 18,4 m^3 und diente samt Hinterwagen als Basis für den Doppelmotorenscraper TS-24

Doppelmotoren mit 600 PS Gesamtleistung ermöglichten es, dass Euclid 1951 das Erreichen der damals als kaum erreichbar geltenden Nutzlastgrenze von 50 short tons (45 metr. t) bekanntgeben konnte. Beim 11,1 m langen und 4,2 m breiten 1LLD trieb je ein Cummins-Motor mit 300 PS Leistung und je ein „Torqmatic"-Lastschaltgetriebe von Allison eine Hinterachse an

Die Erfolge von „Twin Power" inspirierten andere Hersteller, so dass Dart 1951 mit dem D 600 für 60 short tons (54 t) einen noch größeren Muldenkipper präsentierte. Je ein 350 PS Buda-Unterflurmotor trieb über je einen Drehmomentwandler und ein Getriebe eine Hinterachse an. Die wegen der verdoppelten Komponentenzahl größere Vorderachslast wurde durch eine erstmals hydropneumatisch gefederte Achse mit Drehschemellenkung und Zwillingsbereifung aufgenommen

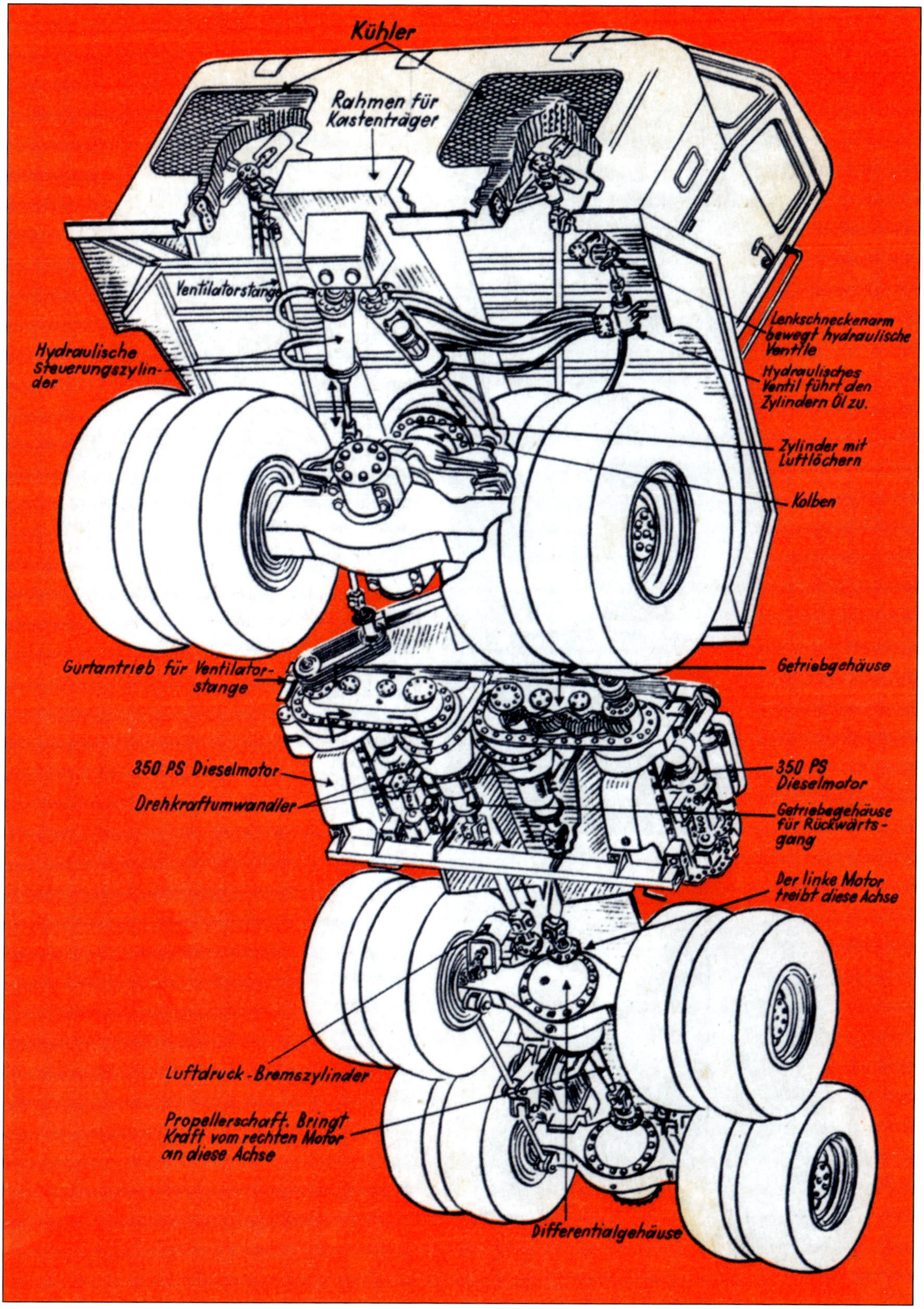
Kühler
Rahmen für Kastenträger
Ventilatorstange
Hydraulische Steuerungszylinder
Lenkschneckenarm bewegt hydraulische Ventile
Hydraulisches Ventil führt den Zylindern Öl zu.
Zylinder mit Luftlöchern
Kolben
Gurtantrieb für Ventilatorstange
Getriebgehäuse
350 PS Dieselmotor
Drehkraftumwandler
350 PS Dieselmotor
Getriebegehäuse für Rückwärtsgang
Der linke Motor treibt diese Achse
Luftdruck-Bremszylinder
Propellerschaft. Bringt Kraft vom rechten Motor an diese Achse
Differentialgehäuse

Gänzlich anders erfolgte der Doppelmotorenantrieb beim dreirädrigen TTR-60 von LeTourneau. Die beiden Motoren mit 840 PS Gesamtleistung waren neben dem Fahrerhaus angeordnet und erzeugten über Generatoren Strom, der die drei Radnaben und alle Maschinenfunktionen antrieb. Die 54 t fassende Mulde kippte nicht ab, sondern schob ihre Ladung heraus, während eine Heckklappe durch E-Motor, Ritzel und Zahnkranz hochgefahren wurde

Für den Antrieb des 54 t ladenden, knickgelenkten TR-60 wählte LeTourneau auch zwei Motoren, nun aber nebeneinander auf dem zweckentfremdeten Vorderwagen eines diesel-elektrischen Scrapers angeordnet. Die elektrischen Radnabenmotoren in allen vier Rädern wurden von zwei 432-PS-Motoren angetrieben, die mit konstanter Drehzahl liefen und daher weniger Kraftstoff verbrauchten

Die Idee, die Kraft von zwei Motoren als Schubunterstützung beim Schürfen der Scraper zu nutzen, stammt ebenfalls von LeTourneau. 1950 kombinierte er zwei Tournapull-Scraper-vorderwagen zum knickgelenkten TournaTwo, der auch als Raddozer verwendbar war. Dort, wo sich beim hinteren Tournapull ursprünglich der Fahrerstand befand, wurde zur Erhöhung der Radlasten Ballast untergebracht – und das waren einfach Steinbrocken

Aus dem TournaTwo entstand später der Tournapusher und daraus dann, nun schon unter Regie von LeTourneau-Westinghouse, der Twin C Tractor mit 418 PS Gesamtleistung. Die Maschine bestand aus zwei modifizierten Vorderwagen der Scraper-Typen C, daher Twin C. Der Schubschild war so schmal, damit die Reifen dicht vorbeifahrender Scraper nicht beschädigt wurden

Rechts: **Mit bis zu 32 km/h Tempo war der Twin C Tractor deutlich schneller als Planierraupen, die damals fast ausschließlich zum „Scraper-Pushen" verwendet wurden. Durch die Motoren in Vorder- und Hinterwagen bot sich zudem eine simple Methode für einen kraftvollen Allradantrieb**

Die Doppelmotorenmaschinen brachten die Konstrukteure der US-Firma Peterson 1950 auf den Gedanken, zwei D8-Raupentraktoren von Caterpillar seitlich zu koppeln. Die so entstandene Twin D8 wurde als „Raupenschlepper mit zwei Antriebseinheiten" patentiert, hatte für jede Raupenseite einen Motor mit Wandlerantrieb und konnte mit einem doppelt seilbetätigten, 6,1 m breiten Planierschild ausgestattet werden. Als Schürfhilfe für Scraper war die Twin D8 jedoch zu breit

Schon seit über zehn Jahren bewährten sich weltweit Euclid-Maschinen mit „Twin Power"-Antrieb, nun erschienen auch erste „Scraper-Pusher" und Dozer wie von Peterson und LeTourneau mit Doppelmotoren. Deshalb entschloss man sich, zwei Euclid-Raupenschlepper C-6 zu einer größeren Raupe zu kombinieren und stellte 1955 die TC-12 vor, angetrieben von zwei GM-Zweitaktmotoren mit zusammen 390 PS Leistung. Die Kühler, für jeden Motor einer, befinden sich erstmals am Heck

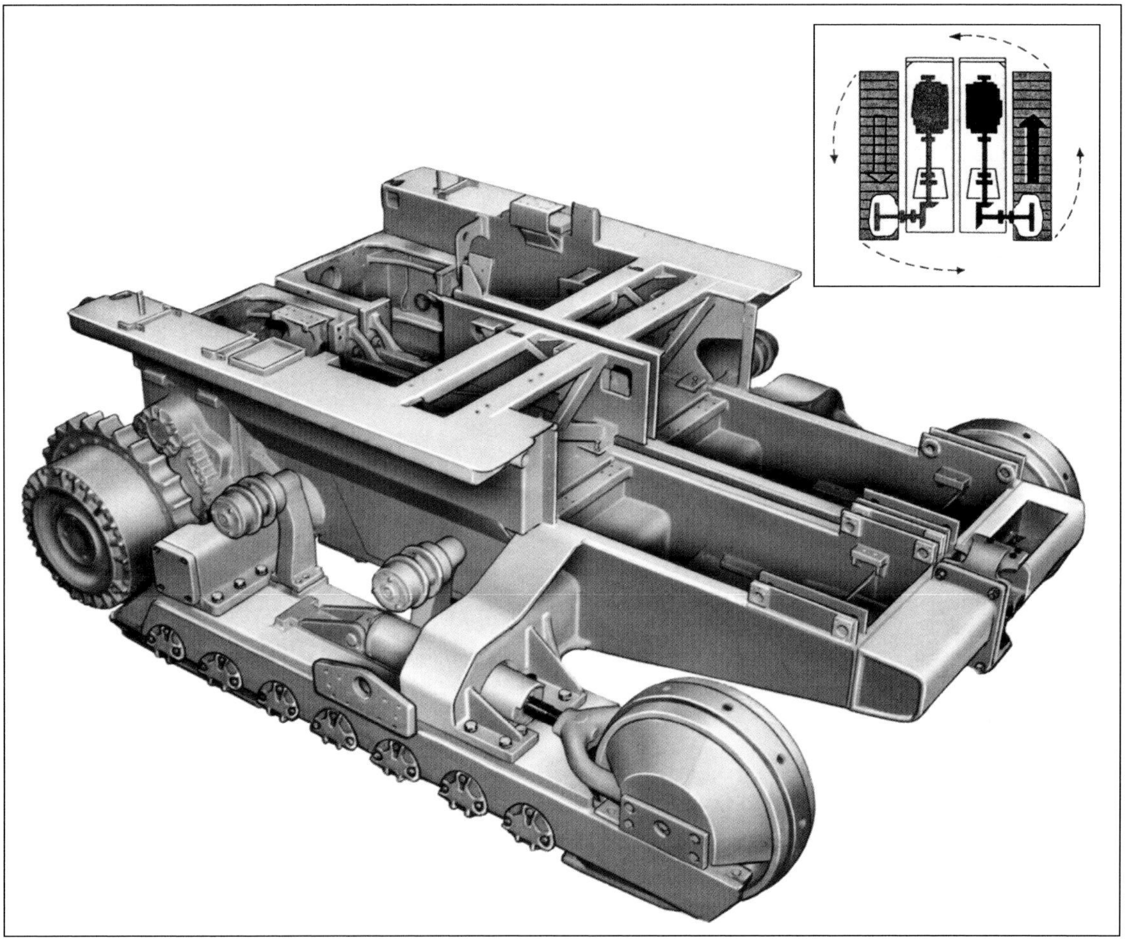

Damit beide Raupenseiten der TC-12 immer bestmöglichen Bodenkontakt hatten, konnten sich die beiden symmetrischen Längshälften des entlang der Mittellinie geteilten Rahmens um die Turasachse bis zu 180 mm vertikal verschieben – das war und blieb einmalig im Raupenbau. Dank ihrer gänzlich voneinander unabhängigen Antriebsseiten konnte die TC-12 mit gegenläufigen Ketten auf der Stelle wenden und Kurven kraftschlüssig durchfahren, außerdem entfielen Lenkkupplungen

Der 1953 von Euclid konstruierte 50-Tonner 1LLD mit zwei Motoren und 600 PS Leistung wurde 1960 zum 670 PS starken R-55 weiterentwickelt. Die Typenbezeichnung wies auf 55 short tons Nutzlast hin, was fast 50 metr. t entspricht. Hervorgehoben wurde damals das Beschleunigen und Fahren ohne Kupplung und Schaltunterbrechnungen, was die beiden Allison Wandlergetriebe ermöglichten

Links: **Der Vorderwagen des „Electric Digger“ L-140 von LeTourneau kommt uns bekannt vor, und tatsächlich wurde er auch für den knickgelenkten 60-tons-Kipper TR-60 verwendet. Bei dem gewaltigen, 31,5 m langen und 4,5 m breiten Scraper waren im Baukastenprinzip vier 420-PS-Motoren mit 1680 PS Totalleistung samt Generatoren vorhanden, die acht Radnabenmotoren in den Rädern mit Strom versorgten. Die beiden Kübel fassten gehäuft 92 m³.** Rechts: **Die doppelte Motorisierung und der so mögliche Allradantrieb sorgten bei Scrapern für beachtliche Leistungssteigerungen. Der größte zweiachsige Scraper auf dem Markt war ab 1961 der Cat 657 mit 980 PS Motorleistung und 33,6 m³ Kübelinhalt (gehäuft). Der beladen 104 t schwere Koloss kam dank der hohen Antriebsleistung auf über 51 km/h Höchstgeschwindigkeit**

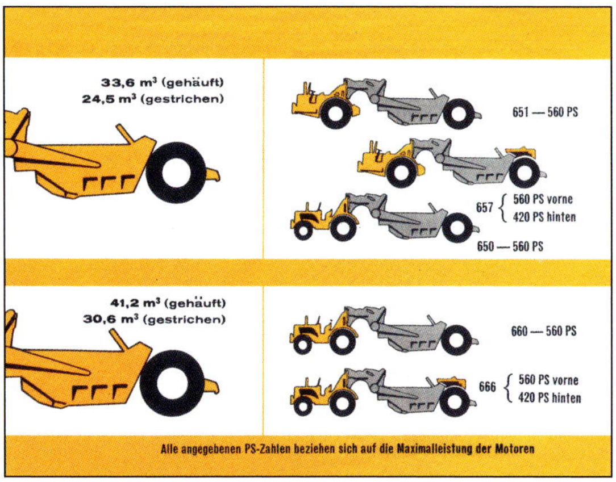

Von Caterpillar wurde 1961 die neue 600er-Serie der Scraper vorgestellt, ebenfalls im Baukastenprinzip. Sowohl unterschiedliche Triebköpfe mit ein oder zwei Achsen als auch verschiedene Hinterwagen mit oder ohne zweiten Motor liessen sich mit den jeweiligen Kübelgrößen kombinieren. Die Leistungen reichten von 560 bis 980 PS

Größter Scraper von Caterpillar war der von 1961 bis 1978 gebaute, 17,2 m lange und 4,2 m breite 666, dessen beide Motoren mit annähernd 1000 PS Leistung dröhnten (vorne 560, hinten 420 PS). Der Scraperkübel konnte 41,5 m³ Erde (gehäuft) aufnehmen, was 57 t Nutzlast entsprach. Die Detailaufnahme des 420-PS-Motors auf dem Scraper zeigt übrigens, dass die Heckmotoren des zweiachsigen 657 und dreiachsigen 666 baugleich waren

Zu viel Motorleistung kann auch Schattenseiten haben: Wenn zwei Cat 657 im Team arbeiteten, wirkten auf die Push-Pull-Einrichtung (Schub-Zug-Hilfe beim Schürfen anstelle einer Schubraupe) immense Kräfte. Plötzlich riss dieser 657 mit seinen fast 1000 PS den Push-Pull-Bügel des hinteren 657 ab und fuhr nun mit dieser „Anhängelast" am Haken vorsichtig zur Baustellenwerkstatt...

Bei Wettrennen um höhere Motor- und damit auch Förderleistungen wollten viele Hersteller nicht zurükkbleiben, und so stellte Allis-Chalmers 1962 den Doppelmotorenscraper 562 mit zwei Motoren von je 340 PS und 31 m³ Kübelinhalt vor. Das Nachfolgemodell 562-C mit zwei 435-PS-Motoren und 34 m³ Inhalt wurde auch als Tandemscraper gebaut, indem anstelle des Heckmotors der Kübel des zweiten Scrapers aufgesattelt wurde

„Selbstladend, alle Räder angetrieben", betonte der deutsche Händler Charles Keller beim Euclid Tandem TS-14, zudem: „Ein Maschinist befördert zwei Ladungen pro Fahrt". Damit die beiden Kübel insgesamt 25 m³ schürfen konnten, trieben drei General Motors-Motoren mit insgesamt 444 PS (3x 148) jede Achse einzeln an. Der 20 m lange Zug wog leer 42 und beladen 85 t, demnach stand vergleichsweise wenig Antriebskraft für ein recht hohes Gesamtgewicht zur Verfügung

„Pushpak“ nannte man bei LeTourneau-Westinghouse (später Wabco) den hinteren Scraper mit Heckmotor, der ja beim Schürfen tatsächlich wie ein „Schubpaket“ half, den ersten Kübel zu füllen. Diese 20,4 m lange und beladen 82 t schwere Variante des C-500 Tournapull wurde von zwei identischen Zweitaktern von GM mit 580 PS Gesamtleistung angetrieben

Ein „Electric Digger“-Mehrmotorenscraper von LeTourneau wurde ab 1967 auch in Deutschland beim Kanal- und wie hier beim Autobahnbau eingesetzt. Der 35,7 m lange und beladen 205 t wiegende L-90 wurde diesel-elektrisch von vier GM-Motoren mit 1900 PS Gesamtleistung angetrieben. Generatoren erzeugten Strom für die acht Radmotoren und Gerätefunktionen. 90 t Erdreich schürfte der Scraper dank der hohen Antriebskraft in knapp einer Minute, wobei erst der vordere, dann der mittlere und abschließend der hintere Kübel gefüllt wurden

Das Konzept der hintereinander gekoppelten Schürfkübel von LeTourneau beeindruckte viele Konstrukteure, so dass von der amerikanischen Peterson Tractor Züge aus drei verbundenden Doppelmotoren-Scrapern Cat 657 mit 2700 PS Gesamtleistung eingesetzt wurden. Wie beim „Electric Digger“ L-90 von LeTourneau wurde auch hier die Kabine über der zweiten Achse angeordnet. Ein Fahrer bediente den 51-m-Riesen, der 105 m³ schürfte und beladen 329 t wog. Gegenüber den LeTourneau-Scrapern waren die Züge jedoch länger und unhandlicher, besaßen sie doch durch die zusätzlichen Vorderwagen zwei Achsen mehr und zudem zwei Motoren samt Antriebsstrang, also viele zusätzliche Komponenten

Bei anderen Maschinen wie dem Kohlescraper SC-75 für die Haldenbewirtschaftung ordnete LeTourneau die Motoren samt Generatoren nebeneinander auf dem Vorderwagen an. Die beiden Zweitakter von Detroit Diesel leisteten zusammen 950 PS. Sämtliche Antriebe, auch die von Knicklenkung und Kübelbetätigung, erfolgten elektrisch durch E-Motoren, entweder in den Radnaben oder mittels Ritzeln und Zahnstangen oder Zahnkränzen

Mächtige, mit rund 60 m³ Ladung etwa 240 t wiegende Doppelkübelscraper TTSS-40 wurden von Euclid Mitte der sechziger Jahre für das US-Bauunternehmen Western Contracting auf die Räder gestellt. Den Antrieb der Traktorhinterachse und der beiden Achsen unmittelbar hinter den beiden Scraperkübeln übernahmen drei Zweitaktmotoren von Detroit Diesel mit 1680 PS Gesamtleistung

Die Idee, drei Scraper zu einem mehrmotorigen Riesen zu koppeln, fand weitere Freunde. Western Contracting nutzt die Komponenten des TTSS-40, um einen 52 m langen 2200-PS-Giganten mit vier Dieselmotoren zu bauen. Dazu wurden spezielle, angetriebene Tandemachs-Einheiten entworfen, die hinter jedem der drei Kübel einen Motor trugen. Der Fahrer thronte auch hier unmittelbar hinter dem ersten Kübel

LeTourneau war von dem Konzept der Mehrmotorenscraper mit diesel-elektrischem Antrieb so überzeugt, dass ein „Electric Digger“ den Rekord aller gummibereiften Geländefahrzeuge hält. Der VW Käfer, damals der Privatwagen von R. G. LeTourneau, veranschaulichte 1965 die 61 m Gesamtlänge und fast 6 m Breite des LT-360. Seine acht GM-Motoren erzeugten zusammen 5080 PS Leistung, die von den Generatoren anfänglich auf zwölf etwas kleinere, später auf nur acht große Räder verteilt wurden. Jeder Kübel fasste 110 t; beladen wog der LT-360 über 620 t

Jeder der 3,1 m hohen und 1,5 m breiten Reifen, die eigens für den LT-360 nach Vorgaben von LeTourneau bei Goodrich hergestellt wurden, wog 2,7 t. Unter der Vorderachse hatte der Scraper 84 cm Bodenfreiheit. Unübersehbares Merkmal waren die jeweils acht Auspuffrohre auf dem Vorderwagen, zwischen den Kübeln und am Heck. Jeder der drei Kübel schürfte seine 110-t-Ladung in knapp 30 sec. Zum Vergleich: Ein 24-Tonner wäre in 6 sec beladen!

Eine andere Lösung wurde bei Caterpillar gewählt: Zur Schürfhilfe für Scraper wurden zwei D9G hintereinander gekoppelt, als Großraupe für Planierarbeiten als SxS D9G nebeneinander. Beide Versionen wurden von nur einem Fahrer gesteuert. Die SxS D9G wog 86,2 t und schob einen 7,3 m breiten und 2,18 m hohen Schild vor sich her. Die Motoren leisteten 770 PS

Die altbewährte Euclid-Doppelmotorenraupe TC-12 wandelte sich unter dem neuen Hersteller General Motors zur Terex 82-80 mit 43 t Einsatzgewicht und gelangte in den siebziger Jahren auch mehrfach in Deutschland zum Einsatz. Die 82-80 wurde von zwei gemeinsam 440 PS leistenden GM-Zweitaktmotoren, zwei Wandlern und zwei Lastschaltgetrieben bewegt. Deutlich ist hier bei den beiden Lüftern und Kühlern am Heck die Mittelteilung über die gesamte Maschinenlänge zu erkennen

Im Kräfte- und Leistungsrennen kamen die Konstrukteure bei Allis-Chalmers 1963 auf eine neue Idee: Zwei Triebköpfe des Scrapers 562-C wurden zum knickgelenkten, 10,8 m langen und 68 t wiegenden Doppelmotoren-Raddozer Typ 555 verbunden. Die beiden Motoren des „Pusher“ leisteten 870 PS, damit auch schwerste Scraper Schubhilfe erhalten konnten

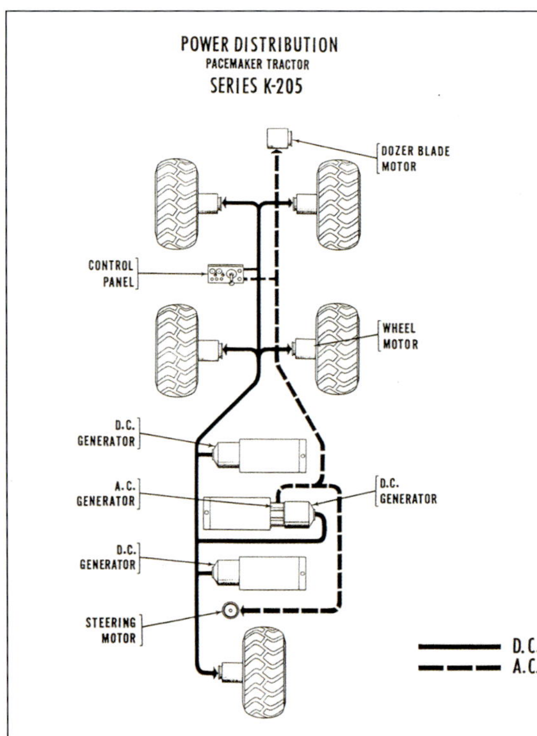

Dank seiner drei Motoren mit 1260 PS Gesamtleistung darf der Pacemaker K-205 von LeTourneau als größter Raddozer der sechziger Jahre gelten. Je nach Einsatzanforderungen war er von 144 t bis auf 170 t Gewicht ballastierbar. Der Schild des 15 m langen K-205 war mehr als 6 m breit. Die fünf Räder wurden von elektrischen Radnabenmotoren angetrieben. Die Grafik zeigt, wie der von den drei Generatoren erzeugte Wechselstrom (A.C.) und Gleichstrom (D.C.) an die jeweiligen Verbraucher wie Lenkung, Dozerschild und Radnabenantriebe verteilt wurde

Unverkennbar zeigte der mächtige Wagner WA-30 „Push Tractor", ein Raddozer, der auch für die Scraper-Schubhilfe konzipiert war, seine beiden baugleichen Motoren mit 1100 PS Gesamtleistung. Der Zeit weit voraus war die angeschrägte Motorhaube des Hinterwagens, durch die sich die Fahrersicht beim Rückwärtsfahren erheblich verbesserte

Es wird sicherlich niemanden verwundern, dass LeTourneau der Versuchung nicht widerstehen konnte, auch Radlader mit zwei Motoren zu versehen. Beim 67 t schweren, 15,8 m langen SL-40 von 1966 dienten die beiden Dieselgeneratoren als vorzügliche Kontergewichte zur 18,4-m³-Schaufel, waren sie doch nicht über der Hinterachse, sondern extrem weit hinten angeordnet

Zwei Scraper-Triebköpfe zu einer knickgelenkten Doppelmotorenmaschine zusammenzufügen – daraus könnte man doch auch etwas anderes machen als einen Raddozer, sagte man sich beim Euclid-Händler Harris Machinery in South Dakota und entwarf den 436 PS starken „Twin Engine Grader". Triebkopf und Heckmotor stammen wie der Schwanenhals von einem TS-18-Scraper, die Graderschar bzw. der Schild von einer TC-12-Planierraupe. Insofern wurden hier zwei Doppelmotorenmaschinen zu einer neuen umgewandelt

Auf den ersten Blick hatte es den Anschein, der knickgelenkte, 14 m lange „Giant" von RayGo würde von zwei baugleichen Scraper-Triebköpfen bewegt. Das war aber nicht der Fall, denn der amerikanische Hersteller konstruierte für den 48-t-Grader eigene Triebköfe mit jeweils 318 PS Leistung. Die Idee für diesen Doppelmotoren-Grader könnte vom Harris-Grader ausgelöst worden sein!

Als praktisch erwies sich die doppelte, vordere und hintere Knicklenkung des RayGo „Giant", so dass wie im Bild mit seitenversetzter Schar gearbeitet werden konnte. Als Mischling zwischen Raddozer und Grader wurde der 636 PS starke Riese mit seiner 6,1 m breiten Schar häufig auf Kippen und bei Staudammprojekten für den Materialeinbau genutzt

Eine der kleinsten Doppelmotorenmaschinen war ab 1970 der unbeladen 23,6 t schwere Elevatorscraper 110 H-T von Clark-Michigan. Eigentlich erfordern 324 PS Gesamtleistung nicht unbedingt zwei Motoren, aber bei Scrapern ist dies eben eine einfache und wirksame Methode, beide Achsen anzutreiben. Dazu waren vorne und hinten zwei baugleiche Zweitakt-Motoren von Detroit Diesel mit 162 PS Leistung sowie zwei baugleiche Wandlergetriebe angeordnet. Mit 12,3 m³ im Kübel wurden die 41,1 t Gesamtgewicht auf 47 km/h Tempo gebracht

Der mächtige Euclid R-50 „wuchs" ab 1964 zum großen R-62 mit 56,3 t Nutzlast (62 short tons) und 110 t Gesamtgewicht an. Seinen Doppelantrieb – den Begriff „twin power" verwendete Euclid nun nicht mehr – bildeten zwei Zweitakter von General Motors mit zusammen 672 PS Leistung und zwei Allison-Lastschaltgetriebe mit Lock-up (Wandlerüberbrückung). Für jede Hinterachse war ein separater Antriebsstrang vorhanden, so dass auch bei Ausfall eines Motors oder Getriebes gefahren werden konnte

Zwei angetriebene, identische Triebköpfe erhielt auch ein eigentümlicher Prototyp von Caterpillar. Diese Bauweise mit Kabinen an jedem Fahrzeugende sollte dem unhandlichen, weil 29,2 m langen Kohle-Bodenentleerer 670X1 das Wenden in engen Grubensohlen erübrigen. Der Fahrer ging beim Beladen einfach vom nun hinteren zum vorderen Fahrerhaus. Mit 240 tons (218 t) Nutzlast war der 670X1 damals das größte Muldenfahrzeug der Welt

Nach dem Cat-Prototyp 670X1 wurden 1967 vier ähnliche Bodenentleerer gebaut, ebenfalls mit zwei baugleichen Triebköpfen, vier Achsen und 16 Reifen. Der Caterpillar 786 wog beladen 319 t, fasste 206 m^3 Kohle und war „nur noch" 25,6 m lang. Die beiden 990-PS-Motoren befanden sich nicht mehr weit oben über den Achsen, sondern weiter vorne zwischen den Rädern

Schön ist bei dieser Kurvenfahrt die Knicklenkung des überlangen Cat 786 zu sehen. Die Lenkung beim rechten, hier nun unbesetzten, weil hinteren Triebkopf war blockiert (heute wäre die elektronische Steuerung beider Triebköpfe von einer Kabine aus kein Problem). Da jedes Rad durch Stickstoff-Öl-Zylinder weich abgefedert war, konnte der beladene Bodenentleerer bis zu 72 km/h schnell fahren

1977 toppte Wabco seinen eigenen Rekord und präsentierte den 353 FT, einen 15,3 m langen Elevatorscraper. Der mit Ladung 105 t schwere Scraper verfügte über zwei annähernd baugleiche Antriebsgruppen samt Drehmomentwandler, Lastschaltgetriebe und Planetenuntersetzungen im Triebkopf und im Hinterwagen mit 1066 PS Gesamtleistung

Die zahlreichen Doppelmotorenmaschinen motivierten Michigan, damals einer der weltweit bekanntesten Laderhersteller, die Kraft aus zwei Motoren für einen Riesenlader zu nutzen, der 1970 einen wahren Größensprung darstellte. Mit 180 t Gewicht, 1290 PS Motorleistung und 18,4 m^3 Schaufelinhalt war der Michigan 675 seiner Zeit um Jahrzehnte voraus, damals galten Radlader mit 6- bis 9-m^3-Schaufeln bereits als Großgeräte

Foto: Oberdrevermann

Beim Beladen eines (eigentlich viel zu kleinen) Euclid-Muldenkippers mit 50 t Nutzlast zeigen sich die Ausmaße des Michigan 675. Der 15,6 m lange Riese wurde von zwei Cummins-Motoren über Wandlergetriebe und die damals größten Schlupfbegrenzungsdifferentiale bewegt. Im geraden, also nicht geknickten Zustand kam der 675 auf bemerkenswerte 84,6 t Kipplast. Die Reifen von 3,5 m Durchmesser und je 5,7 t Gewicht wurden eigens von Goodyear entwickelt und waren die größten der Welt

Ungewöhnlich war die Maschine, ungewöhnlich war auch die Anordnung der beiden Dieselmotoren vor und hinter dem zentral untergebrachten Fahrerhaus. Das Konzept des 80 t wiegenden Melroe-Dozer M-870 stammte von Bobcat-Kompaktladern, die ebenfalls von Melroe gebaut wurden, so dass der Raddozer wie ein Kettendozer lenkte. Alle acht Räder des mit Schild 11,9 m langen M-870 waren angetrieben, jede Radeite von einem 335-PS-Motor, einem Drehmomentwandler und einem Lastschaltgetriebe

Die siebziger Jahre waren das Jahrzehnt der Hydraulikbagger, die jetzt in immer größeren Dimensionen in die Rohstoffgewinnung gelangten und beachtlichen Kraftbedarf hatten. Deshalb stattete Poclain 1971 den EC 1000, den mit 137 t Gewicht und 8,8-m^3-Ladeschaufel damals größten Hydraulikbagger der Welt, gleich mit drei Motoren aus. Verwendet wurden drei Motor-Pumpen-Module aus dem kleineren Poclain HC 300, die nun gemeinsam 780 PS Leistung erzeugten

Der amerikanische Hersteller P&H, bekannt für große Seilbagger, wollte dem Trend der Zeit folgen und ließ 1978 in Deutschland einen großen Hydraulikbagger konstruieren, den 161 t wiegenden P&H 1200 als Auftakt für eine Baureihe hydraulischer Mining-Bagger. Die dazu neu gegründete Hydraulic Equipment Mining Division aus Dortmund entschied sich ebenfalls für zwei Motoren, und zwar zwei Cummins mit 810 PS Gesamtleistung

Beim Nachfolger des Poclain EC 1000 wurde ein Motor eingespart, dennoch dröhnten im 1000 CK zwei Motoren. In dem nun wesentlich flacheren und langgestreckteren Oberwagen des 170-t-Baggers waren ab 1975 zunächst zwei Deutz-Motoren mit zusammen 904 PS Leistung, ab 1983 dann zwei Cummins-Motoren mit 912 PS untergebracht. Mit 9-m^3-Ladeschaufel oder 8-m^3-Tieflöffel war der 1000 CK damals der größte Hydraulikbagger der Welt

Nicht nur Hydraulikbagger wurden in den siebziger Jahren größer und stärker, sondern auch Seilbagger. Manitowoc brachte 1978 mit dem 6400 einen riesigen Schleppschaufelbagger auf den Markt, der am 49 m langem Ausleger einen 11,5 m^3 großen Kübel trug und 504 t wog. Auch er besaß zwei Motoren, allerdings getrennt in Unter- und Oberwagen, um aufwendige und störanfällige Drehkranz-Durchführungen für den Raupenantrieb zu vermeiden

Der Manitowoc 6400 hatte für's Baggern und Schwenken einen 1600 PS starken Cummins-Motor im Oberwagen und zum Antrieb der 12,1 m langen und 2,1 m breiten Raupen einen 450-PS-Cummins-Motor im Unterwagen. Der im englischen Kohletagebau arbeitende Manitowoc 6400 war der größte Schleppkübelbagger auf Raupen in Europa; das Wechseln der Schmieröltonnen zeigt die Baggergröße

Links: 1981 toppte P&H mit dem 545 t wiegenden P&H 2355 die Entwicklung, mit 49 m Auslegerlänge und 15 m^3 Kübelinhalt nun der größte Schleppkübelbagger auf zwei Raupen weltweit. Gewählt wurden ebenfalls zwei Motoren, beide jedoch im Oberwagen, die mittels Generatoren Strom für alle Antriebe erzeugten. Wahlweise standen Motoren von Cummins, Detroit Diesel oder Caterpillar mit 2030 bis 2080 PS Gesamtleistung zur Verfügung (Graffik ausf Seite 33 oben)

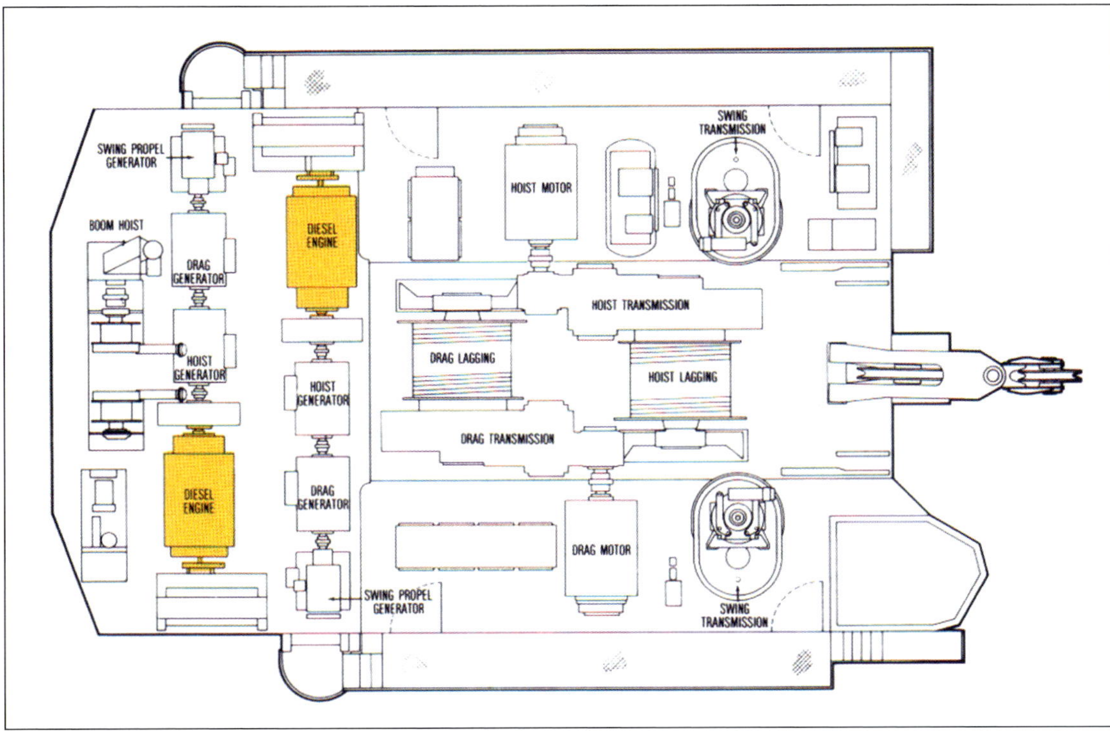

Wie O&K, so wählte auch Demag (heute Komatsu Mining Division) für zahlreiche Großbagger Doppelmotoren als optimale Antriebsquelle. Für den Antrieb des 475 t schweren H 485, mit 23-m^3-Klappschaufel ab 1986 der größte Hydraulikbagger der Welt, sorgten zwei Cummins-Motoren mit 3048 PS Gesamtleistung, für den „kleineren“ H 455S, hier mit 22 m^3 fassendem Tieflöffel, zwei gemeinsam 2285 PS leistende Cummins-Motoren

Nur wenige Doppelmotorenradlader kreuzten unseren Weg, und der (vorerst?) letzte war auch nur ein Prototyp, der im Rahmen des japanischen SMEC-Projektes 1987 entstand. Der 180-t-Koloss wurde von Kawasaki entwickelt und trug eine 19 m³ fassende Felsschaufel. Für seinen Antrieb sorgten zwei je 684 PS starke Cummins-Motoren und ein neues, elektronisch geregeltes Automatikgetriebe. Eine Elektronik steuerte zudem lastabhängig die Drehzahlen beider Motoren und die Schaufelbewegungen

Er begegnete uns schon in den siebziger Jahren, nun ist er erwachsen geworden und wirkt sogar etwas futuristisch, der M-870 von Melroe Multi-Wheel. Seine beiden Motoren vor und hinter dem Fahrerhaus leisten jetzt 850 PS, das Gesamtgewicht stieg auf 102 t. Der 7,9 m breite und 2,1 m hohe Planierschild des 22 km/h schnellen Raddozers konnte an beiden Maschinenenden montiert werden

Rechts: **Die vier Auspuffrohre auf dem Oberwagen des O&K RH 200 deuten darauf hin, dass hier - im englischen Kohletagebau bei Newcastle – eine Doppelmotorenmaschine arbeitet. Der 475-t-Bagger erwies sich als „gewichtiger Erfolgsschlager", denn innerhalb des ersten halben Jahres konnten neun weitere RH 200 verkauft werden, und der englische Betreiber bestellte umgehend einen zweiten RH 200 für einen anderen Kohletagebau**

Ein bemerkenswerter Doppelmotorendozer begegnet uns in den frühen 80er Jahren in Italien. Dort liess der Bauunternehmer Umberto Acco in der Betriebswerkstatt eine gewaltige Planierraupe bauen. Der Acco-Dozer gilt mit 1300 PS Leistung und 166 t Gewicht als größte Planierraupe des 20. Jahrhunderts (zum Vergleich links eine Cat D10). Dank der beiden getrennten Antriebsstränge mit zwei Motoren, zwei Drehmomentwandlern und zwei Lastschaltgetrieben konnten beide Ketten unabhängig voneinander kraftschlüssig angetrieben werden, also ohne Lenkkupplungen

Der von zwei Cat-Motoren angetriebene Acco-Dozer wies beachtliche Dimensionen auf, war er doch mit dem riesigem Einzahnaufreißer und Schild 12 m lang und bis zum Fahrerhausdach 6,5 m hoch. Der ebenfalls eigens für den Dozer gefertigte Planierschild war 7,0 m breit und 2,7 m hoch. Vorgesehen war die Planierraupe für ein Projekt in Lybien, das jedoch vor Auslieferung der Maschinen verworfen wurde

Der Fachmann erkennt sofort, dass hier der Vorderwagen eines Caterpillar-Scrapers zweckentfremdet wurde, und eine baugleiche Motoreinheit fungierte ebenso als Heckantrieb. Das Team von Umberto Acco stellte auch den größten Grader der Welt auf die Räder. Genannt wurde zwar eine Gesamtleistung von 1700 PS, doch gab es keine so starken Scraperantriebe, so dass diese Leistungsangabe zu hoch und etwa 800 bis 1100 PS realistischer sein dürften

Erst in der Seitenansicht werden die kolossalen Dimensionen des Doppelmotoren-Graders von Acco deutlich. Der am Scraper-Vorderwagen und vor dem Fahrerhaus doppelt-knickgelenkte Grader ist 20 m lang und aufgrund der sechs zwillingsbereiften Räder 6,2 m breit. Mit der 10,5 m breiten Schar könnten alle drei Fahrbahnen einer sechsspurigen Autobahn geräumt werden!

Obwohl man es nicht vermutet, ist der riesige Cat 797, der 1999 mit 340 sht Nutzlast und 540 t Gesamtgewicht anrollte, der vorerst letzte Doppelmotoren-Muldenkipper. Im Vergleich zu ähnlich großen diesel-elektrischen Muldenkippern besitzt der 797 einen rein mechanischen Antriebsstrang mit Drehmomentwandler, Getriebe und Untersetzungen. Da Caterpillar meist auf eigene Motoren zurückgreift, aber keinen in der erforderlichen Leistungsklasse hat, kombinierte man stattdessen zwei 12-Zylinder-Motoren Cat 3512 mit zusammen 3272 PS Antriebsleistung

Nicht nebeneinander wie bei früheren Doppelmotoren-Muldenkippern, sondern hintereinander sind die beiden Cat-Motoren im Muldenkipper 797 angeordnet. Die zwei 12-Zylinder-Motoren werden durch eine neuartige Kupplung mechanisch und elektronisch miteinander verbunden; die Kraftabnahme erfolgt nur auf einer Seite (links) durch einen großen Drehmomentwandler

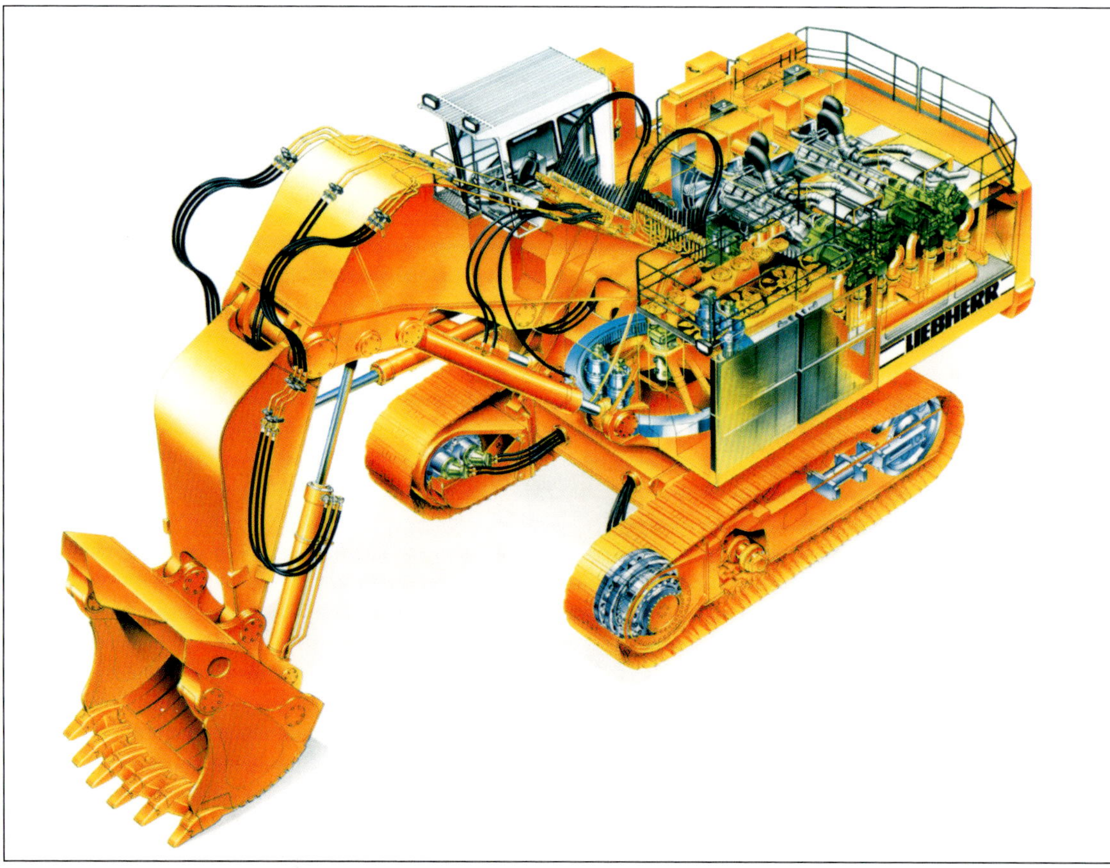

Die Grafik veranschaulicht, wie die beiden Cummins-Motoren mit 3048 PS Gesamtleistung im Oberwagen des 530-t-Baggers R 996 von Liebherr hintereinander angeordnet sind. Wie beim RH 200 und RH 400 von O&K könnten die beiden Motoren auch nebeneinander aufgebaut werden. Ein wichtiges Argument für eine möglichst optimale Konstruktion ist die Wartungszugänglichkeit, auch für den Austausch eines schadhaften Motors

Ein weiterer bedeutender Meilenstein in der Baggergeschichte wurde 1997 durch eine Doppelmotorenmaschine gesetzt, als O&K in Dortmund stolz den mit Abstand größten Hydraulikbagger der Welt präsentierte, hier beim Testeinsatz. Mit 42 m^3 Schaufelinhalt und 840 t Gewicht übertraf der RH 400 den bis dahin größten Hydraulikbagger um fast 30 % und die zu jener Zeit im Tagebau verbreiteten Hydraulikbagger sogar um rund 50 %. Insofern markierte der RH 400 fast eine Verdoppelung der Baggergröße. Für den Antrieb sorgten zwei Cummins-Dieselmotoren mit 3400 PS Gesamtleistung

Bei der Montage des O&K RH 400 ist der große Einbauraum für die beiden Motoren und die beiden Antriebsmodule deutlich zu erkennen. Jeder der beiden Cummins- oder Cat-Motoren treibt vier Hauptpumpen an, die bei 8 x 924 l/min Durchflußmenge im Bagger insgesamt 13.000 l Hydrauliköl fördern. Der Dieseltank für beide Motoren fasst 16.000 l, was für etwas mehr als einen 24-Std.-Einsatztag ausreicht

Nur noch sehr wenige Hersteller bauen selbstfahrende Scraper, hier der Terex TS14G, ein 15 m³ ladender Doppelmotorenscraper mit 352 PS Gesamtleistung. Mit den Scrapern sterben Doppelmotoren bei Baumaschinen „üblicher Größe“ aus und bleiben zukünftig Giganten vorbehalten. Andererseits rollen neue Maschinen mit zwei Motoren an, nämlich Hybridmaschinen, bei denen Diesel- und E-Motor kombiniert werden

Eine der größten Doppelmotorenmaschinen des jungen 21. Jahrhunderts ist der neue Liebherr R9800, ein Baggerkoloss der 800-t-Klasse. Mit über 75 t Löffelnutzlast ist der R9800, hier der erste in einem australischen Kohletagebau, der größte Tieflöffelbagger der Welt. Zwei V-16-Zylinder-Motoren von Cummins mit 3000 PS Leistung brummen gemeinsam im Oberwagen, damit die 230 t tragenden Muldenkipper nach nur drei Ladespielen in kürzester Zeit wieder abfahren können

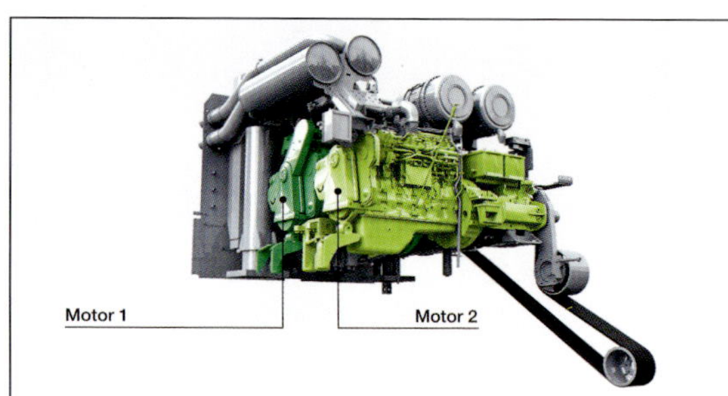

Motor 2 wird je nach Anforderung zu- oder abgeschaltet.

Mit zwei Motoren in die Zukunft: Bei der neuen Kaltfräse W210 nutzt Wirtgen Doppelmotoren, um durchschnittlich 25 Prozent Kraftstoff einzusparen! Bei vielen Betriebsarten genügt nur ein Motor, ob bei Transportfahrten, zum Umsetzen auf der Baustelle oder im Standby-Betrieb bei Wartezeiten. Bei höheren Leistungsanforderungen wird der zweite Motor zugeschaltet; dabei findet eine digitale Synchronisierung beider Motoren statt. Der erste Motor erzeugt 375 PS Leistung, der zweite steuert im Fräsbetrieb zusätzliche 305 PS bei. Bei abzufräsenden Reststreifen, sehr geringen Frästiefen oder dem Herausfräsen von weichen oder brüchigen Deckschichten genügt der erste Motor mit entsprechend geringerem Verbrauch

Maschinenbau Pasal

von Ad Gevers und Toon Steenmeijer

Es war, als die Welt noch nicht so kompliziert war wie heute. Es war, als unsere Väter und Großväter jung waren, gute Ideen hatten und an die Arbeit gingen, nicht gehindert durch gesetzliche Vorschriften. Wir selber sind heute auch nicht mehr so jung. So lange ist es her…

In den 1920er und 1930er Jahren gab es noch kleine Werkstätten oder Schmieden, in denen für die Bauern gearbeitet wurde. Man konstruierte oder reparierte Pflüge und vieles andere mehr für Agrarbetriebe. Solche Werkstätten fand man in kleinen Dörfern im weiten Flachland. So war es in Deutschland, so war es in den Niederlanden, so war es überall.

Und dann kam der Fordson-Traktor mit Benzin- und Petroleummotor; eine einfache Maschine, die sehr preisgünstig war. Die ersten hatten noch keine Gummireifen, sondern Räder aus Ganzmetall. Da er nicht allzu teuer war, wurde er von vielen Ackerbauern gekauft. Der Fordson konnte auch als Basis für andere Maschinen genutzt werden. Dieses wurde schon sehr bald von den kleinen Werkstätten ent-

Eine der sieben von Pasal gebauten Straßenwalzen auf Basis eines Fordson Traktors. Äußerlich sieht man dies nicht

Pasal Straßenwalze mit geöffneter Seitentür. Nur so war der Fordson sichtbar, der ungeändert eingebaut wurde

Pasal-Werbung aus einer holländischen Zeitschrift für Baubetriebe: Schleppschauffelbagger auf Lkw und auf Raupenunterwagen, Stahlkonstruktionen, Straßenwalzen

deckt, die den Traktor also zur Feldbahnlokomotive oder auch zur Straßenwalze umbauten. Manchmal wurde auch nur der Motor gebraucht als Antrieb für Bagger und andere Maschinen. Und alles mit Ford-Garantie. Viele Werkstätten wurden in dieser Zeit Ford- oder Fordson-Händler.

Bei der Verwendung für Straßenwalzen und Feldbahnlokomotiven wurde der ganze Traktor jedoch ohne Räder eingebaut. Wenn dann der Kunde eine neue Antriebsmaschine wollte, war alles sehr einfach. Der alte Traktor wurde ausgetauscht und konnte mit Ford-Garantie weiterverkauft werden.

Pasal aus Alkmaar

Eine dieser Werkstätten war Pasal aus Alkmaar in den Niederlanden. Pasal wurde gegründet von Herrn ten Pas. Aus den Namen ten Pas und Alkmaar entstand der neue Firmenname Pasal. Die Firmengeschichte geht zurück bis in die zwanziger Jahre und auch hier wurde am Anfang nur konstruiert oder repariert. Nach 1945 wurde die tägliche Leitung von Herrn Veldstra übernommen, der mit Herrn ten Pas' Tochter verheiratet war.

Pasal baute auch Straßenwalzen. Allerdings war es hier nicht so offenkundig wie bei anderen Firmen, dass der Fordson-Traktor die Basis darstellte. Die Pasal-Walze sah aus wie eine Eigenkonstruktion. Alles war schön eingebaut mit einer glatten Außenansicht. Erst wenn man eine Seitentür öffnete, wurde der Fordson-Traktor sichtbar, ohne Räder und Lenkrad und so weiter.

Die Konstruktionsarbeit kostete immer mehr Zeit und als 1950 die Frage an Pasal gerichtet wurde, ob sie einen Schleppschaufelbagger konstruieren könnten, wurde nicht lange nachgedacht. Der Bagger wurde auf einen M3 Halftrack, eine Halbraupe aus der amerikanischen Armee, platziert. Diese waren in großen Mengen nach Europa gekommen und kosteten nach 1945 nicht viel. Der Motor für den ersten Pasal kam von Samofa in Amsterdam. Es war ein Zweizylinder-Dieselmotor Modell 2S108.

Samofa

Schon während des Krieges war klar geworden, dass die Produktion von Ein- und Zweizylindermotoren für die Motorenfabrik Kromhout aus Amsterdam nicht mehr rentabel sein konnte. Dies würde sich, wenn sich die Situation in den Niederlanden wieder normalisierte, noch verstärken. Also wurden nach Kriegsende Pläne für eine neue Fabrik gemacht, für die sich Kromhout mit der Brons Motorenfabriek aus Appingedam, der Boot Motoren NV, der Maschinenfabrik Bolnes und der Samofa, Samenwerkende Motoren Fabrieken (zusammenarbeitende Motorenfabriken), zusammenschließen wollte. In Harderwijk entstand ein neues Fabrikgebäude für die Produktion von kleinen Ein- und Zweizylinder-Dieselmotoren vom Typ 1S108 und 2S108 für Industrie und Schiffsbau, wobei 108 für den Zylinderdurchschnitt steht. Diese Motoren waren auch für Schleppschaufelbagger und Feldbahnlokomotiven gefragt.

Der Entwurf dieser Motoren stammte von Kromhout. Sie hatten denselben Zylinderdurchschnitt und Hub wie die älteren 1LS- und 2LS-Motoren. Einige Fachleute von Kromhout zogen nach Harderwijk, um die Produktion bei Samofa problemlos in Gang zu bringen. Kromhout lieferte an Samofa die Kurbelwellen und verschiedene andere Teile. Die Produktion startete 1950. Die ersten fünf Samofa-Motoren wurden übrigens noch in Amsterdam gebaut. Samofa wurde inzwischen von Mitsubishi übernommen und ist jetzt in Almere beheimatet.

Es ist sehr schwer, anhand einer Motornummer das Baujahr einer Maschine festzustellen, da manchmal Motoren geliefert wurden, die schon seit Jahren am Lager gestanden hatten. Gleichzeitig gab es aber auch Fälle, in denen ein ganz neuer Motor geliefert wurde.

Der erste Bagger von Pasal gebrauchsfertig auf einer Halbraupe aufgebaut. Diese „Halftracks“ stammten aus amerikanischen Armeebeständen und waren 1945 in Europa geblieben, gedacht als Marshallhilfe für den Wiederaufbau

Der Prototype des 41 sah besonders aufgrund der Kabinenform ganz anders aus als die Serienexemplare

Samofa Dieselmotor Type 2S108. Der hier abgebildete Motor ist ein Bootmotor. Die Motoren für Bagger sahen genauso aus, nur hatten sie kein Zweirichtungsgetriebe mit Kehrkupplung

So sah die Serienausführung eines 41 aus, aufgebaut auf einem Halftrack. Der Kraftstofftank ist an der linken Seite stehend montiert. Der Halftrack hatte einen Sechszylinder-Benzinmotor mit 148 PS. Später wurden in den Niederlanden auch Dieselmotoren eingebaut

Pasal 41 aufgebaut auf einem 6x6 GMC. Der Ausleger ist über der Kabine geknickt

Nochmals ein 41 mit 8-m-Ausleger und 340-l-Kübel auf einem GMC CCKW353. Die Lkw aus US-Armeebeständen waren so günstig, dass eine darauf aufgebaute Maschine weniger kostete als ein Raupenkran. Auch der GMC hatte einen Sechszylinder-Benzinmotor, der später durch einen Dieselmotor ersetzt wurde, von Perkins, Henschel und anderen

Später, als gut erhaltene GMC 6x6 fast ausgestorben waren, kam der Reo 6x6, bei dem der Ausleger für die Sicherheit bei der Fahrt auf der Straße noch weiter eingeklappt werden konnte

Abbildung einer Verkaufsbroschüre vom Pasal 41 auf einem GMC

Zurück zu Pasal

Der erste Pasal Schleppschaufelbagger war von der Typenreihe 41. Später kam der 41A, der einen größeren Motor von Perkins, aber immer noch den 8-m-Ausleger hatte. Mit Zwischenstück erreichte er 10 m. Ein Nachteil war, dass der Perkins-Motor viel größer war. Dadurch musste auch der Oberwagen größer konstruiert sein, sodass er nicht mehr auf einen Halftrack von International oder White passte. Man verwendete größere GMC 6x6 Trucks aus „Dumps" und später noch schwere Mack NM und Reo 6x6 Lkw aus US-Armeebeständen.

Der erste Pasal war eine gute Maschine, so gut dass die Firma Pasal eine ganze Reihe von Schleppschaufelbaggern auflegte. Begonnen wurde mit der Reihe 41 mit 340-l-Kübel und der etwas größere Reihe 41AN mit 400-l-Kübel. Wenn es sich um einen Raupenbagger handelte, war es ein 41R. Später kam noch ein schwerer Bagger dazu, der 150M auf Raupenunterwagen 150R.

Die Pasal unterschieden sich von anderen Baggern durch spezielle Kugeldrehkränze zwischen Oberwagen und Lkw oder sonstigen Unterwagen. Mit dieser Konstruktion hatte man erreicht, dass eine vertikale Zentralachse nicht mehr nötig war.

Für den Transport über die Straße kann der Ausleger mit wenig Mühe durch dreimaliges Aufklappen verkürzt werden

Die größeren Pasal-Modelle erforderten auch größere Unterwagen. Hier ein Pasal auf einem 6x6 Mack NM, der auch aus US-Armeebeständen stammt

So gelangte dieser Pasal 150M selbstfahrend über die Straße zum nächsten Einsatzort. Er steht auf einem 6x6 Reo

Ein Pasal 150M mit langem 12-m-Ausleger und 500-l-Kübel auf einem Reo

Bei allen Mobilbaggern auf 6x6-Lkw-Unterwagen konnte der Pasal aufgefaltet werden. Wenn die Maschine über die Straße die Baustelle wechseln musste, konnte der Ausleger über die Kabine des Lkw geknickt werden und die nach vorne versetzte Stoßstange des Lkw trug den Kübel. Äußerste Vorsicht war geboten, wenn der Fahrer mit einem lang nach vorne ausgestreckten Ausleger fahren musste. Dieses Manöver war sogar mit einem langen dreiteiligen Ausleger mit zwei Drehpunkten möglich. Als Bagger oder Kran war die auffallende Konstruktion sehr beliebt.

Anfang der 1960er Jahre wurde für den großen 150 ein Raupenunterwagen vom Traktortyp gebaut. Abgesehen von der Raupensteuerung, die hydraulisch war, hatten auch diese Maschinen eine mechanische Bedienung. Der Ausleger war 10 m, mit Zwischenstück 12 m lang. Neben Schleppschaufelbaggern wurde auch ein Hochlöffel gebaut. An diesem war man im holländischen Flachland jedoch nicht interessiert. Ein Exemplar ging in den Export. 1967 wurde nach langjähriger Probezeit der Pasal 325 produziert.

Ein Pasal 150R auf einem Raupenunterwagen und mit Fuchs-Scheiben in der Hinterwand

Die Probezeit konnte manchmal fünf Jahre dauern. Dieser Schleppschaufelbagger mit 1000-l-Kübel und Komponenten von Westinghouse war luftgesteuert. Er hatte eine neue Auslegerbedienung, die ganz unabhängig von den anderen Funktionen arbeitete. Das Niederlassen des Auslegers ging sehr regelmäßig. Der 325 war eine sehr große Maschine. Sieben Exemplare

Pasal 150R auf nicht sehr festem Boden. Er arbeitet auf hölzernen Schotten

Der einzige Pasal 150 Hochlöffel. Er war als Maschinentyp in den Niederlanden nicht sehr beliebt

Protype des Pasal 325, noch mit kurzem Ausleger und Schiebetür bis zur Schutzscheibe

Serienmäßiger 325 mit 1000-l-Kübel und 15-m-Ausleger. Er fährt mit einem DAF-Motor, Typ D5-575, mit 114 PS

wurden von ihm gebaut, zwei davon werden noch heute als Greiferkran eingesetzt.

Eine Neuentwicklung war ein Kran mit hydraulisch bewegtem Ausleger, wobei das Heben mit Kabel ging. Diese Maschine war als Geländekran für Schiffswerften, Bauplätze oder Fabrikgelände gedacht. In dieser Zeit waren Gabelstapler jeder Größe noch nicht so weit verbreitet. Von diesem Typ wurde nur ein einziges Exemplar gebaut.

Mit dem Verkauf von Pasal im Jahr 1971 endete die Baggerproduktion in Alkmaar. In den 20 Jahren wurden etwa 400 Maschinen verkauft.

Pasal 325 bei der Arbeit im holländischen Flachland

Der einzige Pasal Kran, der zum Beispiel in Schiffswerften zum Einsatz kommen sollte

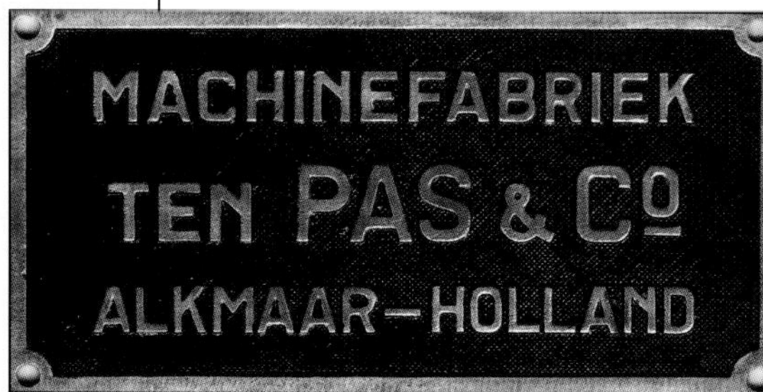

Bei dieser Maschine wurde der Ausleger hydraulisch bewegt, gehoben wurde mit mechanischem Antrieb über Kabel

Baumaschinen auf Großbaustellen

Fünfziger, sechziger und siebziger Jahre

von Jürgen Flemming

Damals war es üblich, dass die Fahrer während des Einsatzbetriebes angelernt wurden. So etwas dürfte die Berufsgenossenschaft heutzutage gar nicht mehr sehen. Und das bei etwa 50 km/h, die der Scraper AC 360 erreichen konnte

Mit einigen Bildern aus meiner Fotosammlung möchte ich ein paar Eindrücke von Großbaustellen aus den fünfziger, sechziger und siebziger Jahren aufleben lassen.

Die fünfziger Jahre

Der Baubedarf der fünfziger Jahre war durch die Folgen des Zweiten Weltkriegs ziemlich groß. Lag doch Vieles in Schutt und Asche. Straßen mussten wieder hergestellt oder neu gebaut werden. Bei den großen Bauprojekten kamen Fabrikate von deutschen sowie von amerikanischen Herstellern zum Einsatz, wie zum Beispiel Allis-Chalmers, Caterpillar, Euclid, Faun, Menck und Hambrok, Demag, Kaelble und Hannomag, um einige zu nennen.

M 152 Hochlöffel mit 1,7 m³ Inhalt belädt einen Kaelble Muldenkipper

Auch das gab es in den fünfziger Jahren: Ein Pferdefuhrwerk bringt den Kraftstoff. Handbetankung war normal auf Baustellen

Allis-Chalmers Scraper 360 mit einem Gesamtgewicht von 46 t. Der Kübel war noch seilbetätigt

Farbfotos waren noch selten. Die Scraper weckten reges Interesse beim Sonntagsausflug auf der Baustelle

Menck Seilbagger mit Schürfkübel, Cat Raupe mit Anhängerschürfkübel und Kaelble Muldenkipper im Einsatz

Die drei Kaelble Muldenkipper mit 200 PS tragen noch das Besatzungskennzeichen von der Überführungsfahrt

Nilsson & Korte Hochlöffelbagger mit 1,5-m^3-Hochlöffel kamen aus Hamburg, wie der Besitzer des Baggers

Mit seinen 250 PS erreichte der Faun K 20 Kipper bis zu 46 km/h bei 20 t Nutzlast

Die sechziger Jahre

Die sechziger Jahre waren die Zeit der vielen Autobahnbaustellen. Überall traf man auf die gelben Riesen von Caterpillar. Es hatte sich bei den Baufirmen herumgesprochen, dass Cat-Maschinen zuverlässig sind und dadurch hohe Leistungen erzielt werden können. Scraper waren die Massenbewegungsgeräte. Dozer, Grader, Laderaupen, Radlader sowie Muldenkipper prägten das Bild auf den Erdbaulosen.

Menck Bagger mit Schleppschaufeln beladen Magirus- und Mercedes Zweiachs-Lkw

Das zeichnete einen guten Maschinisten aus: Kipper richtig voll beladen und einen ebenen Plan mit der Schleppschaufel gezogen

Die siebziger Jahre

In den siebziger Jahren wurden immer häufiger große Hydraulikbagger neben Seilbaggern eingesetzt. Große Starrrahmenkipper sowie Radlader, aber auch vermehrt Dreiachs-Lkw traf man auf den Baustellen an. Scraper dominierten immer noch die Massenbewegung. Die folgenden Fotos zeigen Maschinen von einigen Baulosen vom Bau des Elbe-Seiten-Kanals. Dieser ist 115 km lang und bei seinem Bau wurden etwa 66 Millionen m^3 Erde bewegt.

Doppelmotoren-Scraper TS 24 mit 24 m^3 Inhalt. Im Hintergrund ist der kleine John Deere zu sehen

Da stand der VW 1500 vom Schachtmeister im Weg

So sieht es aus, wenn der Cat 633 Elevator-Scraper mit seinen 70 t auf einen VW trifft. Personenschaden gab es zum Glück nicht

Ein TS-24 Scraper, ein International E-270 Scraper und im Hintergrund eine Menck Schürfraupe

Das kann man heute nicht mehr sehen: sechs Doppelmotor-Scraper 627 und eine D9, die zusammen fast 4000 PS erreichen

Klein wirkt dieser John Deere 860 Scraper gegen Cats und Michigan Scraper

War das Schürfen nicht möglich, wurden die 24 m³ fassenden Kübel der Scraper durch Bagger befüllt, in diesem Fall zwei Poclain HC 200

Nobas Bagger aus DDR-Produktion sowie ein NCK 304 aus Holland

O&K R18 als Ladegerät für Dreiachs-Lkw und RB 71 für Faun- und Wabco Muldenkipper

Poclain HC-300 mit Tieflöffel und 260-PS-Motor, im Hintergrund zwei Weserhütte W-24 Seilbagger

Poclain HC-300 mit 3,2-m³-Hochlöffel sowie einige Faun K-25

Der O&K RH-15 mit seinem 2-m³-Tieflöffel war 1967 der größte Hydraulikbagger

Poclain Bagger und Faun Muldenkipper waren in Deutschland zahlreich auf Baustellen im Einsatz

Weserhütte W 24 Seilbagger mit 3-m³-Schleppschaufel im direkten Vergleich mit Poclain HC 300 Tieflöffel

Pay Loader H400B befüllt Pay Hauler Muldenkipper Typ 180 sowie 140

7,6 m^3 fallen auf die Ladefläche des 568 PS starken, Allrad angetriebenen Pay Hauler 180

Nicht nur Cat-, Faun- und Pay Hauler Muldenkipper, auch fünf Wabcos waren am Bau des Elbe-Seiten-Kanals beteiligt

Das Tandem-Beladen durch Radlader 988 und 992 sah man häufig

Alltägliche Bilder auf den Großbaustellen der siebziger Jahre

EMO

TCC Industrial Communications

von Thomas Wilk

Die Maasvlakte in Rotterdam in den Niederlanden ist ein wahrlich gigantisches Industrie- und Hafengebiet, das südlich der Maasmündung am Rand der Nordsee als künstliche Insel angelegt wurde und Teil des Hafens Rotterdam ist. Die Maasvlakte wurde schon in den 1960er Jahren errichtet, 1973 legten dort die ersten Schiffe an. Für den Bau der Insel wurde ein Ringdeich errichtet, der Innenraum wurde sukzessive mit Sand aus der Nordsee aufgespühlt, verdichtet und anschließend bebaut. Wichtige Großfirmen wie das Maasvlakte Olie Terminal, diverse Container Terminals von Europe Container, APM, das Kohlen- und Biomassenkraftwerk von E.ON Benelux und der Europees Massagoed Overslagbedrijf kurz EMO für den Umschlag von Erzen und Kohlen haben sich dort angesiedelt. Wegen seinen natürlichen, geografischen und technischen Vorteilen dient der Hafen von Rotterdam dem größten Teil Europas. Trotz aller Häfen zwischen Le Havre und Hamburg geht der Hauptanteil aller trockenen Massengüter durch den Hafen Rotterdams.

Das EMO Terminal für Kohlen und Eisenerz ist so ausgelegt, dass dort die weltgrößten Massengutfrachter problemlos anlegen und gelöscht werden können. Die großflächige Lagerkapazität des Terminals erstreckt sich auf einer Grundfläche von 160 ha, davon sind 70 ha asphaltiert mit einer Lagerkapazität von bis zu sieben Millionen Tonnen. Dies gibt EMO die benötigte Flexibilität im Handel und Umschlag von wertvollen Rohstoffen. Für See- und Binnenwasserschiffe, Lastkähne und den weiteren Abtransport der Schüttgüter auf dem Schienenweg ist alles eingerichtet.

Das Bild zeigt das Herzstück des EMO Terminals, die Kommandozentrale, in der sämtliche Informationen aus allen Bereichen via Überwachungskamera, Sensoren und Funk zusammenlaufen. Die beiden ersten 74 m hohen, fast 140 langen und 2000 t schweren Thyssen Krupp PWH Schiffsentlader am Mississippi-Kai ragen majestätisch in den Himmel. Die abgestellten Geländefahrzeuge sind allesamt zum Schutz des Fahrers vor herunterfallendem Ladegut während des Unterfahrens der Entlader und Rückladegeräte im Bereich des Daches mit einer speziellen Stahlblech-Schutzabdeckung ausgestattet und wirken neben dem Schiffsentlader wie Matchbox-Autos aus unserer Kindheit

Eines der sechs 7000 t fassenden, 20 m im Durchmesser und 55 m hohen Kohle-Silos im Hartelhaven gab mir einen optimalen Überblick über das gigantische Terminal. Vorne rechts erkennt man das Bürogebäude mit den anschließenden Werkstätten und der Schweißerei, gefolgt von den Schiffsentladern eins bis drei. Auf den Strossen eins bis zwei arbeiten die beiden ältesten Rückladegeräte aus dem Jahr 1972. Auf Strosse drei steht ein Rückladegerät mit sogenanntem C-Rahmen, das in den achtziger Jahren in Betrieb ging. Die Stahlbaukonstruktion direkt vor dem Rückladegerät ist ein 2 x 60 t fassender Eisenerz-Bunker, mit dem Waggons der 120-t-Klasse beschickt werden. Bei einer stündlichen Ladeleistung von 3200 t können so bis zu sechs Züge mit einer maximalen Kapazität von 4000 t beladen werden

Auf den weiteren Strossen vier bis sechs ist jeweils ein weiteres Rückladegerät, das auf Schienen verfährt, eingesetzt. Das neueste und größte Gerät mit einem 60 m langen Schaufelradträger wurde im August 2007 von Thyssen Krupp Fördertechnik gebaut und errichtet und arbeitet auf der Strosse sechs mit einer Ladekapazität von 4500 t/h und einer Einstapelleistung von 6000 t/h. Der technische Standard ermöglicht einen führerlosen Betrieb. Ausgestattet mit 3D-Scanner und GPS-Steuerung kann das Rückladegerät vom Leitstand aus bedient werden. Ganz links befindet sich eine weitere Bahnverladestation für Kohle mit einer Ladeleistung von 3500 t/h. Acht Züge mit einer maximalen Kapazität von 3300 t verlassen das Terminal, das direkt mit dem europäischen Schienennetz verbunden ist

Tagesleistungen bei der Rückverladung von 100 000 t sind keine Seltenheit, wenn man bedenkt, dass pro Sekunde zwei Tonnen Material über die Förderbänder strömen. Schubkähne sind in zehn Minuten voll beladen, dies erfordert eine feinfühlige Steuerung und schnelles Anhalten des Massenflusses bei Bedarf. Der Ladearm des Schiffbeladers ist so konstruiert, dass er bis zu 21,5 m teleskopierbar ist und somit zwei parallel nebeneinander liegende Lastkähne erreicht. Der Ladearm kann in der Neigung von -12,5 Grad bis + 6 Grad gesenkt oder angehoben werden, um ein optimales Beladen der unterschiedlichen Schiffstypen zu gewährleisten

Um solch gigantischen Massen umzuschlagen, bedarf es ebenso gigantischer Technik. Vier Thyssen Krupp PWH Schiffsentlader mit einem Greifervolumen von 18 m^3 beziehungsweise 60 m^3, die auf das jeweilige Schüttgewicht von Eisenerz oder Kohle abgestimmt sind, können Ladeleistungen von je 3000 t/h bis 5000 t/h erreichen. Das entspricht einer Ladekapazität von maximal 30 t beziehungsweise 60 t pro Greiferfüllung. Die Güter werden sofort über ein 1,8 m breites und insgesamt 25 km langes Förderbandsystem mit einer Stundenleistung von 5000 t einem der sechs Rückladegeräte zugeführt. Mit diesem System können vier sogenannte „Capesize Schiffe" mit einer Tragfähigkeit von 350000 dwt gleichzeitig im 1300 m langen Mississippihaven, der bei Niedrigwasser eine Wassertiefe von 21,6 m (drei Anlegestellen) beziehungsweise von 23 m (einer Anlegestelle) aufweist, gelöscht werden. Die Tagesleistung liegt dabei bei rund 200000 t, die Be- und Entladeeinrichtungen arbeiten 24 Stunden am Tag, sieben Tage die Woche, dadurch erreicht EMO mit seinen 370 Angestellten einen konkurrenzlosen Materialdurchsatz von über 60 Millionen Tonnen im Jahr. Neben der Großgerätetechnik setzt EMO 13 Radlader, vier Dumper, drei Hydraulikbagger, sieben Kompaktlader und zwei Kettendozer für den Unterhalt der Halden und den weiteren Materialumschlag ein.

Außerdem bietet EMO weitere Dienstleistungen wie das Mischen und Veredeln, das Brechen und Sieben an, um so kundenspezifische Anforderungen zu erfüllen. Seit der Fertigstellung des EMO Terminals 1973 hat sich das Unternehmen kontinuierlich weiterentwickelt und vergrößert. Das Auftreten neuer und immer schneller wechselnder Anforderungen beim Handel mit raren Massengütern erfordert heute eine zunehmend größere Flexibilität, fortschrittliche Betriebseinrichtungen und die neuesten Technologien. Dies gilt selbstverständlich auch für den Umgang mit Mensch und Natur. Besonderen Wert legt EMO und sein hoch qualifiziertes Spezialistenteam auf die Einhaltung von Arbeitsschutz/Arbeitssicherheits- und Umweltschutzbestimmungen in allen Betriebsbereichen und Arbeitsprozessen wie zum Beispiel bei der Reduzierung von Staub- und Lärmemissionen, bei der Reduzierung des Energiebedarfs wie Strom und Kraftstoffe, bei der Verringerung von Betriebsabfällen, beim Recycling und Aufbereiten von Brauchwasser in der eigenen Wasserreinigungsanlage. EMO kontrolliert regelmäßig die Halden und

Für den weiteren Abtransport über den Wasserweg der zuvor geschütteten Rohstoffe dient der 950 m lange Hartelhaven auf der westlichen Seite des Terminals, der bei Niedrigwasser eine Tiefe von 5,25 m aufweist. Die ersten beiden von Thyssen Krupp PWH gebauten Schiffsbelader wurden 1973 in Betrieb genommen, ein dritter Belader gleichen Typs folgte in den neunziger Jahren. Die schienengebundenen Belader haben einen Verfahrweg von jeweils 210 m. Die Geschwindigkeit des 1,8 m breiten Ladeförderbandes kann je nach Material (3 m/s für Eisenerz, oder 6 m/s für Kohle) angepasst werden. Der Materialfluss gelangt über die jeweiligen Rückladegeräte, dem Strossenband, zu dem jeweiligen Schiffsbelader

Produkte und unterbindet die Staubentwicklung auf dem ganzen Areal durch ein ausgeklügeltes Bewässerungssystem rigoros. Feine Sprühdüsen, die bei Bedarf einen großflächigen Wassernebel an Förderbändern, Rückladegeräten und so weiter legen, unterbinden schon an der Entstehungsstelle das Auftreten von Staub. Halden, die längere Zeit eingelagert werden, sind mit einer Papiercellulose-Mischung gegen Winderosion geschützt. Ein Spezialtankfahrzeug, das extra für EMO gefertigt wurde, fasst 27 m^3, mit den beiden Wasserwerfern erreicht man eine Höhe von 75 m und 100 m zu jeder Seite hin.

Für den herzlichen Empfang und die gute Unterstützung mit technischen Informationen über das Terminal und die dort eingesetzte Technik möchte ich mich bei allen beteiligten des Europees Massagoed Overslagbedrijf (EMO) b.v. bedanken. Ein ebenso herzlicher Dank gilt dem Team der Thyssen Krupp Fördertechnik GmbH, die mich mit Fachliteratur zu den einzelnen Geräten unterstützte.

In jedem der sechs Kohlesilos mit einem Fassungsvermögen von je 7000 t ist eine andere Kohlensorte (Steam Coal)/Kesselkohle gebunkert, die im Bedarfsfall für die spezifischen Anforderungen des Kunden beim Rückverlad gemischt werden kann. Die Entnahmemenge beträgt 3500 t/h. Die Kohle wird direkt über das Förderbandsystem abgezogen zu einem der drei Thyssen Krupp PWH Schiffsbelader, der mit einer stündlichen Verladeleistung von 7000 t Binnenschiffe oder Lastkähne in kürzester Zeit belädt

Die Thyssen Krupp PWH Schiffsbelader sind so konzipiert, dass man damit verschiedene Korngrößen (Eisenerz bis 500 mm und einem Schüttgewicht von 1,5 bis 4,0 t/m³, Eisenerz-Pallets mit einem Gewicht von 2,0 bis 2,5 t/m³ und Kohle mit einem spezifischen Gewicht von 0,8 bis 0,9 t/m³) verladen kann. Eine Bandwaage im Beladeband signalisiert dem Bediener, der direkt oberhalb des Ladearmes sitzt, wann die Ladeleistung erreicht ist. Sofort wird die Zufuhr des Kai-Förderbandes unterbrochen und umgelenkt, bis der Ladearm für den zweiten Lastkahn positioniert ist. Das Material auf dem Förderband wird in einem separaten Bunker zwischengelagert und später dem Beladeprozess zugeführt oder wieder mit einer Förderleistung von 500 t/h in das jeweilige Silo rückgeführt

Radlader sind bei EMO neben der ganz großen Technik die wichtigste Maschinengattung für den schnellen Materialumschlag. Ausgestattet mit speziellen Schaufeln, die auf das zu ladende und transportierende Material abgestimmt sind, erreichen sie schnell jeden Punkt auf dem 160 ha großen Areal. Sie beladen Aufgabetrichter der Bunker, Dumper, Eisenbahnwaggons, helfen bei der Haldenanlegung, säubern die Haldenbette und führen die Güter dem Rückladegerät zu. EMO setzt bei der Maschinenauswahl schon seit Jahrzehnten auf die sehr gute Zusammenarbeit mit Caterpillar und deren niederländischen Generalimporteur (Geveke) Pon. Der 507 PS starke und 52 t schwere Caterpillar Radlader 988H lädt mit seiner 7-m³-Schaufel und dem langen Hubarm (4,25 m) Olivin. Mit der Schnellwechseleinrichtung kann der Fahrer in wenigen Sekunden die Schaufel gegen eine andere tauschen, ohne das Fahrerhaus zu verlassen. Der grüne, reine und transparente Olivin wird seit dem 15. Jahrhundert v. Chr. abgebaut und als Schmuckstein verwendet. Olivin sind die häufigsten Silikate und gesteinsbildenden Minerale. Sie bilden den Hauptbestandteil des oberen Erdmantels, wo die Magnesium- und Eisenanteile des Olivin etwa im Verhältnis 9:1 stehen. Der normale Olivin wird bei der Herstellung hitzeresistenter Gläser genutzt, ferner für die Herstellung von Eisenerzpellets

Im Kommandostand der EMO-Zentrale laufen alle Informationen zusammen. Ein gut geschultes und hoch motiviertes Spezialistenteam überwacht und steuert sämtliche Funktionen der komplexen Bandanlage der Silos und Aufgabebunker für die Bahn- und Schiffsverladung. Überwachungskameras zeigen die tatsächliche Situation bei den Einstabelprozessen, Rückladevorgängen der Rückladegeräte und der Schiffsbelader. Nur die langjährige Erfahrung aller EMO-Mitarbeiter und die gute Zusammenarbeit als Team mit den Maschinisten, dem Bodenpersonal auf dem Betriebsgelände und den Kapitänen und deren Besatzung, die per Funk direkte Anweisungen bekommen, ermöglichen, solch immense Massenströme, wie sie bei EMO anfallen, sicher, schnell, wirtschaftlich, termingerecht und kundenorientiert zu bewältigen

Planierschilde, Schaufeln und dieser rund 30 t schwere und 18 m^3 fassende Erzgreifer unterliegen einem sehr hohen Verschleiß und müssen regelmäßig im Bereich der Schneidmesser und Greiferkanten mit einem zähen verschleißresistenten Werkstoff aufgeschweißt werden. Die eigene Werkstatt mit einem Team aus Monteuren, Mechanikern, Elektrikern, Schlossern und Schweißern gewährleistet rund um die Uhr einen reibungslosen Betrieb mit hoher Verfügbarkeit aller eingesetzten Fahrzeuge und Maschinen. Für größere Reparaturen an der Caterpillar-Flotte stehen die Techniker und Monteure von Pon mit einem 24-Stunden-Service zur Verfügung. Caterpillar bietet seinen Händlern und Kunden durch sein weltweit umspannendes Händlernetz eine ausgezeichnete und umfassende Versorgung mit Ersatzteilen. Aus dem zentralen Ersatzteillager in Grimbergen in Belgien, das für den Bereich Europa, Afrika und den mittlerer Osten zuständig ist und fast alle gängigen Teile vorrätig hat, werden die benötigten Ersatzteile über Nacht an die Händler gesendet. Dies verringert den kostenintensiven Produktionsausfall durch Stillstand auf ein Minimum und erhöht die Produktivität und den Nutzen der Maschine

Der größte Radlader auf dem Terminal ist einer der beiden Caterpillar 990H, der mit einer 10-m^3-Erzschaufel ausgerüstet ist. Seine Kraft schöpft der Radlader aus einem modernen schadstoffarmen V-12 C27 Caterpillar-Motor mit 27,1 l Hubraum. Mit der mechanisch-elektronischen Hochdruck-Direkteinspritzung MEUI unterschreitet der Motor die verschärften Abgasemissions-Grenzwerte der EU-Stufe IIIa und verringert gleichzeitig die Kraftstoffkosten pro bewegtem Kubikmeter Material. Durch eine variable Leistungsverzweigung zwischen Fahrantrieb und Hydraulik eignet sich der Radlader bestens für den Einsatz im „Load and Carry Betrieb“ oder für den Umschlag von losen oder aufgehaldeten Gütern. Mit dem Planetenlastschaltgetriebe erreicht der 84 t schwere und 13 m lange Radlader eine maximale Geschwindigkeit von 22 km/h. Dies verleiht ihm eine hohe Mobilität und Flexibilität. Das geräumige Fahrerhaus mit dem luftgefederten Komfortsitz und seinen ergonomisch angebrachten Bedienelementen, dem exklusiven Lenk-Schaltsystem STIC, einem elektronischen Überwachungssystem EMS III, das alle relevanten Maschinendaten kontrolliert, überwacht und im Bedarfsfall visuell und auch akustisch anzeigt, ist so gestaltet, dass der Fahrer über den ganzen Arbeitstag ermüdungsarm und produktiv arbeiten kann

Das 1972 gebaute Rückladegerät von Thyssen Krupp PWH hat eine Rückladeleistung von 4500 t/h und eine Einstapelleistung von 6000 t/h. Das Schaufelrad, an dem neun Schaufeln mit einem Fassungsvermögen von je 1500 l angebracht sind, ist als Zellenrad ausgeführt und misst 9,9 m im Durchmesser. Über das Schaufelradausleger-Förderband (45 m) gelangen die geförderten Massen während des Lademodus in den Abwurfschacht im Drehmittelpunkt des Rückladegerätes. Von da aus werden die Massenströme über das Strossenband abgeführt. Das Umstellen zwischen Laden und Absetzen dauert nur fünf Minuten, dann beginnt das Gerät von neuem mit dem Arbeitsprozess. Während des Absetzmodus werden die Massen über das gleiche Strossenband über einen in der Höhe verstellbaren Bandschleifenwagen auf das zur Gerätemitte ansteigende Zuführband gefördert, um anschließend auf das nun gegenläufig drehende Schaufelradförderband zu gelangen und abgeworfen zu werden. Das Rückladegerät steht zwischen den beiden bis zu 20 m hohen Halden auf einem 1300 m langen und 12 m breiten Schienenstrang und kann in beide Richtungen arbeiten

Der kraftvolle Cat Sechszylinder-Dieselmotor C11 leistet 265 PS im Caterpillar Radlader 966H, dies ist ausreichend, um die 4 m³ fassende Universalschaufel mit geradem Unterschraubmesser in kürzester Zeit zu füllen. EMO hat zusammen mit den Spezialisten von Pon und der Caterpillar-Fabrik in Gosselies/Belgien nach einer Lösung gesucht, um den rund 28 t schweren Radlader sicher und schnell via Schiffsentlader in den Bauch eines Ozeanriesen zu hieven. Das Ergebnis sieht man auf dem Bild. Üblicherweise verwendet man die vier original Lastösen am Radlader, die jeweils am Vorderwagen und Hinterwagen der Maschine angebracht sind. Dicke Stahlseile oder Ketten erschweren das schnelle Anhängen, da diese Bereiche weit unten liegen und daher meistens sehr stark verschmutzt sind. Dazu kommt noch eine ungleiche Lastverteilung zwischen dem leichteren vorderen und dem schwereren hinteren Teil der Maschine. Beschädigungen und eingedrückte Verkleidungen durch Seile und Ketten am Aufbau der Maschinen sind keine Seltenheit. Abhilfe schafft ein zentraler Aufhängepunkt, der genau austariert in der Schwerpunktmitte des Caterpillar Radladers 966H liegt. Jetzt kann der Lader sauber, einfach, schnell und vor allem sicher und ohne Beschädigungen angehängt und präzise an der Stelle abgesetzt werden, wo ihn das Bodenpersonal in Empfang nimmt

Am Ende des 1300 m langen Mississippihaven schließt der Beer Kanal Kai mit einer Länge von 830 m an, der für den Umschlag von gewaschenen und gesiebten Produkten eingerichtet ist. Drei unterschiedliche Schiffsanlegestationen mit 180 m, 250 m und 400 m Länge und einer Wassertiefe (Niedrigwasser) von 12 m, 12 m und 8 m bieten jedem Binnenschiff die Möglichkeit sicher anzulegen. Der Materialdurchsatz an Kohle, die gewaschen und in acht verschiedene Körnungen gesiebt wird, liegt bei 2500 t am Tag. Da Kohle ein bis zu dreimal niedrigeres Schüttgewicht aufweist als Eisenerz, können größere Spezialschaufeln an den Radladern angebaut werden wie an diese mit 16-m³-Kohleschaufel ausgestattete Caterpillar 988H

Das Bild zeigt eindrucksvoll die Größe des 18 m langen und bei ganz angehobenem Hubarm 8 m hohen Caterpillar Radladers 988H, der durch einen 507 PS starken Cat Sechszylinder-Dieselmotor C18 mit 18,1 l Hubraum angetrieben wird. Caterpillar bietet zwei unterschiedlich lange Hubarme an (3,88 m oder 4,25 m), um die unterschiedlichen Bedürfnisse seiner Kunden zu erfüllen. EMO verwendet an seinen vier Cat 988H Ladern jeweils die lange Ausführung mit 4,25 m, um bei den vergrößerten Schaufeln, die unter anderem einen tieferen Schaufelboden aufweisen, immer noch eine ausreichende Ausschütthöhe bei maximaler Hubhöhe und 45 Grad Vorkippwinkel zu gewährleisten

Das Fahrerhaus des Caterpillar 988H mit einem Innenvolumen von 3,18 m³ zeichnet sich durch einen beispielhaften Fahrerkomfort (ergonomische Bedienelemente, hervorragende Rundumsicht, niedriger Geräuschpegel von 75 dB(A)) aus. Bei dem feinfühligen Lenk-Schaltsystem STIC entfällt das mühselige Kurbeln am Lenkrad. Mit einem Kombihebel, den man nach links und rechts drückt, leitet man sanft die Lenkbewegungen der Maschine ein. Per Fingertipp wechselt das Getriebe die Gangstufen und die Fahrtrichtung. Dies ermöglicht ein präzises Manövrieren des Großradladers. Zwei knapp geladene Schaufeln reichen, um den Motorwagen des Straßen-Lkw randvoll mit Kohle zu beladen. Eine kleine Unachtsamkeit des Fahrers würde schon ausreichen, um an dem Aufbau oder dem Lkw große Schäden zu verursachen, da die Schaufel fast genauso breit wie die Ladefläche lang ist. Um die vorgeschriebene Qualität zu gewährleisten, achtet der Maschinist, während er das Haldenmaterial lädt, peinlichst genau darauf, dass er nicht unnötig die gewaschene und gesiebte Kohle mit den Reifen oder der Schaufel zerdrückt

An allen EMO Caterpillar Geräten sind spezielle Schutzabdeckungen angebracht, die das Beschädigen der Maschine verhindern sollen. Da rund um die Uhr gearbeitet wird, ist es in der Nachtschicht trotz zusätzlicher Beleuchtung ringsum oftmals schwierig, den Anfang der lichtschluckenden Kohlehalden vom Fahrerhaus auszumachen. Daher werden alle Radlader mit einem klappbaren Kühlerschutz versehen, der während dem Service und den Reinigungsarbeiten am Kühlernetz in wenigen Minuten umgelegt ist. Im Bildhintergrund befindet sich der Amazonehaven mit einer Kailänge von 800 m und einer Wassertiefe von 21,6 m (Niedrigwasser), an dem seegängige Schiffe mit einer Tragfähigkeit von bis zu 150 000 dwt beladen werden. Für das Beschicken ist ein Thyssen Krupp PWH Schiffsbelader/Einstapelgerät (Baujahr 1984) mit einer stündlichen Ladeleistung von 5000 t zuständig. In der Einstapelfunktion kann das Gerät eine 20 m hohe und 60 m breite Halde anlegen. Zwischen den 70 m auseinander liegenden Fahrschienen ist bei Bedarf genügend Platz für eine weitere Halde mit den Ausmaßen von 12 m Höhe x 36 m Breite

Die ersten beiden 1972 gelieferten Rückladegeräte von Thyssen Krupp PWH auf den Strossen eins und zwei sind nun schon seit mehr als 38 Jahren rund um die Uhr im Einsatz ohne größere nennenswerte Reparaturen oder Ausfälle. Das zeugt von einem guten Stück deutscher Ingenieursarbeit und Qualität. Das Fahrerhaus ist direkt über dem Schaufelradträger angeordnet und ermöglicht dem Fahrer einen exzellenten Blick auf das Schaufelrad und das zu ladende Material, ebenso können die Massen präzise und punktgenau während des Einstapelvorgangs geschüttet werden. Ein weiterer sehr wichtiger Aspekt für die Position des Fahrerhauses ist, dass der Maschinist bei der Zusammenarbeit mit einem Hilfsgerät (Radlader/Kettendozer) immer den Blickkontakt halten kann, um ein Zusammenstoßen auszuschließen

Der Caterpillar Radlader 990H, der in vielen Gewinnungsbetrieben und Steinbrüchen das Schlüsselgerät bei dem Abbau von Rohstoffen ist, wirkt mit seinen 84 t und 13 m Länge geradezu winzig gegen das Rückladegerät mit rund 1055 t. Die Aufgabe des Radladers besteht darin, das Haldenbett zu säubern und Reste des Eisenerzes dem Rückladegerät zuzuführen, so dass so viel wie möglich damit entnommen werden kann, bevor wieder ein neues Schüttgut eingestapelt wird. Der Schaufelradträger kann 2,7 m unter das Niveau des Schienenstranges und 17,3 m darüber angehoben werden. Ein weiterer ganz interessanter Größenvergleich ist der Arbeiter, der rechts neben dem Fahrwerk des Rückladegerätes auf der Strosse steht

Der Radladerfahrer versucht so nah wie möglich das Eisenerz an das Schaufelrad zu schütten, ohne das drehende Rad und den Ladeprozess zu behindern oder gar zu unterbrechen. Bei diesen Ladevorgängen ist Teamarbeit gefragt, die die Profis von EMO perfekt beherrschen. Die Ausbuchtung in der Mitte der Schaufel dient der tieferen Anlenkung der Z-Kinematik. Dies bewirkt, dass der Rückkippwinkel in Fahrstellung trotz der Sonderschaufel ausreichend groß ist.
Das Schaufelrad ist um 10 Grad zur Seite hin geneigt, was den Entleervorgang wesentlich verbessert. Sämtliche Schaufeln sind aus hochfestem, verschleißzähem Stahlblech gefertigt mit innen aufgeschweißten Eckzähnen und auswechselbaren Zahnspitzen an den Hauptschneidemessern. Die Schaufeln sind mit Keilen und Lagerbolzen an den Ringträger befestigt, dies erleichtert den einfachen Austausch der jeweiligen Schaufel für Reparaturzwecke. Die Bandgeschwindigkeit des Schaufelradträgerförderbandes beträgt bei Eisenerz 3 m/sec (bei Kohle 6 m/sec)

Die kleinsten Caterpillar Radlader von EMO sind zwei 200 PS starke und 20 t schwere 950H, die für den schnellen Rückverlad auf knickgelenkte Muldenkipper Ende 2008 in Betrieb gingen. Sie haben keine Anhängevorrichtung, um auf ein Schiff gehievt zu werden, da sie ausschließlich auf dem Areal arbeiten. Mit der 3 m^3 fassenden Universalschaufel und geradem Unterschraubmesser ist der Caterpillar 725 Dumper mit einer Nutzlast von 23,6 t in fünf Ladespielen mit Kohle befüllt,. Diese wird anschließend auf ein Depot der Sieb- und Brechanlage gekippt. Der Kühlerschutz, diverse andere Abdeckungen und der Dachschutz für die Frontscheibe gehören bei allen Hilfsgeräten, die auf dem Areal unterwegs sind, zur Standardausrüstung

Caterpillar verwendet im 725 Dumper den selben kraftvollen Cat Sechszylinder-Dieselmotor C11 wie im Cat Radlader 966H, nur dass die Nennleistung auf 309 PS ansteigt bei gleichbleibender Drehzahl von 1800/min. Durch das verwenden gleicher Caterpillar-Motorentypen und gleicher Bauteile in den verschiedensten Baumaschinen profitiert der Endkunde von einem ausgereiften und schon tausendfach bewährten Produkt und verringert gleichzeitig den Lageraufwand an Ersatzteilen, wie Kraftstofffilter, Ölfilter und Luftfilter, die natürlich für jede der eingesetzten Maschinen passen. Da bei EMO durch das meistens leichtere Schüttgewicht der zu transportierenden Materialien ein größeres Volumen anfällt, entschied man sich für eine zusätzliche Heckklappe an der Mulde, um den Materialüberlauf zu verhindern. Voll beladen mit einem maximalen Transportgewicht von 46 t erreicht der 10 m lange Dumper eine Höchstgeschwindigkeit im sechsten Gang von 57 km/h

Die Firma Den Bakker Millieu b.v. hat sich auf die Staubbekämpfung und Kontrolle von Feinstäuben spezialisiert. Der sechsachsige DAF Lkw mit 380 PS, der extra für die Bedürfnisse von EMO konstruiert wurde, hat einen Wassertank von 27 m³. Mit dem angebauten Spezialsaugarm kann sich der Tankwagen innerhalb von drei bis vier Minuten selbstständig mit Wasser aus bereitgestellten Containern befüllen. Die Bewässerung erfolgt durch zwei großdimensionierte Wasserkanonen, die oben am Aufbau angebracht sind und individuell gesteuert werden können, und weiteren Düsen unterhalb der Frontstoßstange des Lkw, die die Fahrbahn und Ladeplätze bewässern. Die beiden Wasserkanonen haben eine senkrechte Reichweite von 75 m und 100 m zur Seite hin. Dies ist bei weitem ausreichend, um die sechs 55 m hohen Kohlesilos im Brandfall löschen zu können oder die Halden zur Staubbekämpfung zu bewässern. Das Fahrzeug ist gleichzeitig so ausgelegt, dass man mit ihm genauso gut ein Papiercellulosegemisch auf die Halden spritzen kann

Auf den beiden Bildern kann man deutlich die C-Rahmen-Konstruktion der beiden Rückladegeräte, die auf den Strossen drei und vier arbeiten, erkennen. Die C-Rahmen-Geräte zeichnen sich durch eine geringere Schwerpunktwanderung über den gesamten Wippbereich des Schaufelradauslegers aus. Dies ist sinnvoll, wenn, bedingt durch hohe Rückladeleistungen, das Kopfgewicht (Schaufelrad) der Maschine sehr hoch ist. Mit dem Hydraulikzylinder in der Mitte des C-Rahmens kann der Schaufelradträger in der Höhe verstellt werden. Ein weiteres technisches Detail gegenüber den ersten beiden Geräten ist das um 10 Grad nach links geneigte Schaufelrad. Linksseitig ist das Auslegerförderband angeordnet und rechts der Schaufelradantriebsmotor, der am Rückladegerät auf Strosse drei erneuert wurde und blau lackiert ist

An der zweiten Sieb- und Brechanlage für Kohle und Eisenerz können maximal in zwei Einrichtungen je 2000 t am Tag und je drei Korngrößen verarbeitet werden. Der Subunternehmer setzt ebenso auf Caterpillar-Power und verwendet einen 352 PS starken und 36,6 t schweren Cat 980H in der ungewöhnlichen Block-Handler-Ausführung. Durch einen verstärkten Vorderwagen, größere Kippzylinder und entsprechendes Kontergewicht erhöht sich das Fahrzeuggewicht um 3,3 t gegenüber der Serienmaschine. Getriebe, Hydrauliksystem und das Hauptlager des Knickgelenkes wurden ebenso modifiziert und genau an die Einsatzbedingungen angepasst. Normalerweise mit einer Gabel ausgestattet, können so Marmorblöcke mit einem maximalen Gewicht von 24 t sicher gelöst und transportiert werden. Bei einem Schüttgewicht von Eisenerz von 4 t/m^3 ist das keine leichte Aufgabe für den mit einer 6,1-m^3-Schaufel ausgerüsteten Radlader. Die Produktivität, die Leistungsfähigkeit beim Lösen, Laden und Transportieren, konnte mit der verstärkten Block-Handler-Version erheblich gesteigert werden, ohne dass der Radlader permanent am Limit betrieben oder überbeansprucht werden musste. Ein weiterer wichtiger Aspekt ist die Schonung des Gerätes. Dadurch werden die Reparaturkosten und ungeplante Stillstandszeiten vermindert

Für gewisse Feinarbeiten bei der Haldenanlegung und dem Abtrennen der einzelnen Haldenbereiche kommt einer von zwei Caterpillar 325C/D Hydraulikbaggern mit langer Arbeitsausrüstung zum Einsatz. Angetrieben von einem modernen Cat C7 Dieselmotor mit 207 PS kann der 34 t wiegende Caterpillar 325D Hydraulikbagger mit gestrecktem Spezialarm (9,5 m) und verlängertem Löffelstiel (6 m) eine maximale Reichweite von 16 m erlangen. Um die Standsicherheit zu verbessern wurde der 2,92 m breite HDHW-Unterwagen verwendet. Dieser erhöhte und verbreiterte HD-Unterwagen weist zusätzliche Verstärkungen, dickere Stahlbleche und größere Profielquerschnitte gegenüber dem Serienunterwagen auf. Der Oberwagen wurde selbstverständlich im Bereich desHauptrahmens ebenso gezielt verstärkt und mit einem schwereren Gegengewicht versehen. All diese Maßnahmen verleihen dem Caterpillar 325D Böschungsbagger eine unübertroffene Wirtschaftlichkeit und Dauerfestigkeit auch unter extremen Arbeitsbeanspruchungen. Im Hintergrund sieht man den Eisenerzbunker mit 60 t Kapazität für die Bahnverladung

Vergrößert sich die Schub- oder Transportdistanz, so ist das Load-and-Carry-Verfahren eine sehr wirtschaftliche Art, die Massen mit dem Radlader zu lösen und zu transportieren. Aufgrund des leichteren Schüttgewichtes von Kohle können daher größere Schaufeln an den Radladern angebaut werden. Die Vielseitigkeit und Mobilität erlauben verschiedenste Arbeiten auszuführen, sowohl auf den Halden als auch auf dem Gelände bei der Rückverladung auf Lkw, Dumper, Eisenbahnwaggons, beim Beschicken von Aufgabebunkern oder beim Räumen und Säubern der Haldenplätze. Generell kann man sagen, dass Radlader ab einer Distanz von 122 m wirtschaftlicher sind als Kettendozer oder Raddozer. Von oben, aus der Perspektive des Haldenrückladegerätes, sieht man sehr gut den massiven zentralen Aufhängepunkt an dem übergestülpten Überrollschutzdach, an dem der Caterpillar Radlader 966H via Schiffsentlader in den Bauch der Frachter gehievt wird

Der 45 m lange Schaufelradausleger des Rückladegerätes ist als torsionssteife Blech-Fachwerksträger-Konstruktion ausgeführt. Der Oberwagen und der C-Rahmenträger sind in der Kastenbauweise gefertigt und nehmen mit groß dimensionierten Gelenklagern den Gegengewichtausleger und den Hydraulikzylinder auf. Zwischen Oberwagen und Unterwagen befindet sich ein kreisförmiger Freiraum, der die Schurre für den Materialfluss, diverse Steuerkabel und Stromzuführungsleitungen aufnimmt. Ober- und Unterwagen sind mit einer doppelt beaufschlagten, dreiseitigen Rollenlagerung für den Drehkranz verbunden. Der Schwenkradius beträgt 200 Grad. Das 12 m breite Laufwerk ist als statische Dreipunktabstützung in solider Kastenbauweise gefertigt und besteht aus insgesamt 55 Laufrollen (630 mm Durchmesser) und drei Antriebsgruppen mit 24 Antriebsrollen, die das Gesamtgewicht von 1055 t tragen. Die elektrischen Einrichtungen wie Kabelspule, Steuerleitungen und Transformatoren sind auf einer Plattform im Bereich des Bandschleifenwagens und Zuführbandes installiert. Mit einer Durchfahrtshöhe von über 5 m unter dem Laufwerk des Rückladegerätes können selbst noch die großen Radlader die Fahrtwege neben den Strossenbändern benutzen. Rückladegerät vier und fünf begegnen sich, dabei hat man einen guten Blick auf die Fachwerksbauweise des Schaufelradträgers und das nach links gekippte Schaufelrad des Thyssen Krupp PWH Gerätes, das auf Strosse fünf arbeitet

Für Reinigungsarbeiten zwischen und unter den einzelnen Förderbändern, an den Bandsammelpunktes und den Übergabestationen der Bandanlage benötigt man kleine, aber trotzdem leistungsstarke Baumaschinen wie diesen 75 PS leistenden Caterpillar Kompaktlader 246C mit einem Schaufelinhalt von 0,4 m³. Mit einer Fahrzeughöhe von etwas über 2 m und einem Einsatzgewicht von 3,9 t erreicht der Kompaktlader eine beachtliche Ausschütthöhe von 2,42 m. Caterpillar bietet eine ganze Reihe an unterschiedlichen Anbauwerkzeugen, wie diverse Schaufeln, Räumschilde, Kehrbesen oder Gabeln, und vergrößert damit die Einsatz- und Verwendungsmöglichkeiten bei seinen Kunden entscheidend

Kettendozer sind die weit verbreitetste Maschinengattung bei der Bearbeitung und Anlegung von Kohle- und Erzhalden. Ausgestattet mit speziellen Kohle-U-Schilden und einer Schubdistanz, die unter 150 m liegt, erreichen sie eine unübertroffen hohe Produktivität. Des Weiteren können Kettendozer durch die hervorragende Traktion und den geringen Bodendruck gegenüber einem Radgerät auch an den steilen Rampen und Böschungen der Halden sicher arbeiten und diese anlegen, profilieren oder abschieben. Ein weiterer Vorteil ist die Möglichkeit, Schnee und angefrorene Schichten zu lösen und abzuschieben, so dass danach Radgeräte zum Einsatz gelangen können. Die Firma J. Smit b.v. aus Oostvoorne hat sich auf den Verleih von schweren Kettendozern und Baumaschinen im Hafengebiet von Rotterdam spezialisiert und setzt bei EMO zwei Caterpillar D8T für das Aufschütten und Kompaktieren der Halden ein

Reservehalden oder sogenannte „deadpiles" für Kohlekraftwerke, die eine längere Zeit auf dem Terminal liegen, werden mit Kettendozern in 15 cm starken Schichten aufgebaut und bei jedem Übergang gleichzeitig mit den Raupenketten verdichtet. Das komplette Verdichten der Halde und der Seitenböschungen reduziert die darin enthaltene Luft und verringert somit das Risiko einer Selbstentzündung. Das 3,2-t-Heckgewicht der 314 PS starken und 38 t schweren Caterpillar D8T verbessert die Balance entscheidend. Die Maschine ist mit einem 5,5 m breiten und 1,93 m hohen BD8U-18-Kohleschild, das 22 m^3 fasst, ausgerüstet. Der 643 l fassende Dieseltank ist ausreichend dimensioniert, um zwei beziehungsweise drei Arbeitsschichten mit einem durchschnittlichen Kraftstoffverbrauch von 23,5 bis 33,7 l/h durchzuarbeiten, bevor mit dem mobilen Tankwagen nachgetankt werden muss. Die hellgraue Kohlehalde im Bildhintergrund ist mit der zuvor beschriebenen Papiercellulosemasse abgedeckt, um bei den heftigen Winden und Stürmen in der Küstenregion die Erosion weitestgehend zu verhindern

Das großräumige, mittig angeordnete Fahrerhaus des Caterpillar 725 Dumper mit luftgefedertem Fahrersitz, vollwertigem Beifahrersitz, den zusätzlichen Ablagemöglichkeiten und der pendelnd gelagerten Vorderachse bietet dem Maschinist einen Fahr- und Bedienkomfort auf höchstem Niveau. Die ausgezeichnete Rundumsicht und die weit außen angebrachten Rückspiegel geben dem Fahrer stets ein sicheres Gefühl beim Rangieren zwischen den Strossenförderbändern oder beim Befahren der Halden der Brech- und Siebanlage

Dieser Caterpillar 725 ist einer von drei älteren Dumpern, die noch mit dem Cat 3176C ATAAC EUI-Motor ausgestattet sind. Umgebaut als mobiler und geländegängiger Tankwagen dient er den beiden Kettendozern und Kettenbaggern auf dem 160 ha umspannenden Terminal

Während des Schichtwechsels werden die Baumaschinen in Reih und Glied vor der Werkstatt und dem Waschplatz parkiert und durchlaufen einen festgelegten Wartungs- und Sicherheitscheck durch das geschulte Werkstattpersonal, bevor es wieder heißt „Ready to Work". Noch ein paar Worte zur Sauberkeit der Maschinen, nicht dass bei dem einen oder anderen Betrachter der Eindruck entsteht, die Maschinen würden nur selten gewaschen. Dies ist auf keinen Fall so. Ganz im Gegenteil, die Maschinen werden regelmäßig und öfters grundgereinigt als in anderen Betrieben, doch der feine Kohlestaub und vor allem das rote Eisenerz fressen sich förmlich in alle Oberflächen und den Lack. Selbst meine Sicherheitsschuhe waren noch nach mehreren Baustelleneinsätzen mit einer feinen fest anhaftenden Eisenerz- und Kohlestaubschicht aus den Niederlanden belegt

Rückansicht der beiden 74 m hohen Thyssen Krupp PWH Schiffsentlader am Mississippihaven, die mit einem 50-t-Portalkran (Greiferkapazität maximal 30 t, Greifervolumen 12,5 m^3 Eisenerz/30 m^3 Kohle) eine Stundenleistung von je 3000 t erreichen. Das Dienstgewicht des kompletten Schiffsentladers von 2000 t verteilt sich auf die 48 Antriebsräder mit einem Durchmesser von 900 mm. Die Spannweite des Portalkrans, der sich auf einer Höhe von 38 m befindet, beträgt vom Aufgabetrichter aus gesehen nach hinten 70 m und zur Wasserseite hin 44 m. Der gigantische Schiffsentlader lädt die Massen entweder direkt auf den sogenannten Notfalllagerplatz oder in einen Aufgabetrichter mit einer Kapazität von 135 t, der über zwei parallel angeordnete Beladeschürzen mit Kettenförderer die Schüttgüter an zwei Förderbänder am Kai übergibt. Die Stromversorgung erfolgt über ein 10-kV-Kabel bei einer gesamt installierten Leistung von 3100 kW

Leistungsvergleich: Der 40 kW starke und etwas über 1 t wiegende Volkswagen Fox mit den Abmaßen von 3,82 m x 1,64 m x 1,52 m (L x B x H) wirkt nicht gerade groß gegen diesen 60-m³-Greifer für Kohle und den Kran mit 5200 kW Antriebsleistung. Die beiden letzten Thyssen Krupp PWH Schiffsentlader am 1300 m langen Mississippihaven sind die größten im EMO-Terminal. Sie haben einen 85-t-Portalkran (Greiferkapazität maximal 60 t, Greifervolumen 20,5 m³ Eisenerz/60 m³ Kohle) mit einer Stundenleistung von je 5100 t. Die 45 m lange seeseitige Brücke kann bei nicht Gebrauch nach oben geklappt werden so wie bei dem vorderen Schiffsbelader. Der Verfahrweg des Portalkrans beträgt insgesamt 102 m. Der Greifer kann vom Kai aus gemessen 29 m tief in den Laderaum der Schiffe abgesenkt werden, um danach maximal 53,5 m angehoben zu werden. Die Entladung in den 11 x 11 m breiten Bunker, der mit verstellbaren Windschutzblechen ausgestattet ist, erfolgt 19,5 m über dem Boden

Der 1986 gebaute Hafen und Küstenschlepper SMIT Japan, der unter Niederländischer Flagge fährt, hat eine Antriebsleistung von 2 x 900 PS durch zwei Stork Werkspoor-Motoren und eine Pfahlzugkraft von 25 t. Der kleine 28,6 m lange und 9,32 m breite Schlepper hat einen Tiefgang von 3,3 m und zieht das Frachtschiff Maganari mit einer Tragfähigkeit von 75941 dwt/ GRZ-BRZ 39126 langsam an den Anlegeplatz des Mississippihaven-Kais. Der Frachter des Baujahres 2001 fährt unter der Flagge von Malta und misst in der Länge 225 m und in der Breite 33,3 m. Vollbeladen hat er einen Tiefgang von 14,03 m

Der Entladevorgang des Frachtschiffes beginnt. Für das schnelle Heben des Greifers sind zwei starke Elektromotoren zuständig, die eine Hubgeschwindigkeit von 130 m/min erzeugen. Das heißt, dass der voll beladene Greifer (50 t Gesamtgewicht) bei einer angenommenen anfänglichen Absenktiefe von 22,5 m in weniger als zehn Sekunden auf die Höhe des Bunkers angehoben ist

Bauma & Co.

Baumaschinen-Ausstellungen in den 70er Jahren

von Rainer Oberdrevermann

Die Bauma 2010 mit ihren vielen Neuheiten gehört bereits der Vergangenheit an. Dennoch möchte ich gerade im Bauma-Jahr die Gelegenheit ergreifen, um über vergangene Baumaschinenausstellungen zu berichten. Und was liegt in diesem Zusammenhang näher, als Fotos der Geräte zu zeigen, die über die Jahre auf einschlägigen, von mir besuchten Ausstellungen präsentiert wurden und die ich jeweils abgelichtet habe. Dies geschah damals übrigens noch mit einem 24 x 36 mm Negativ-Umkehrfilm. Herausgepickt sind elf Ausstellungen aus den 70er Jahren, das eine oder andere Bild aus den Jahren 1969 und 1980 ist auch dabei. Beschränkt habe ich mich aus Platzgründen auf größere Erdbewegungsmaschinen. Einige Herstellernamen werden im Übrigen mehrfach auftauchen, was sich aufgrund von Weiterentwicklungen, die ich unbedingt erwähnen wollte, nicht vermeiden ließ. Andererseits hatte ich mir vorgenommen, dennoch eine möglichst große Vielfalt zu präsentieren. Hierzu zählen auch heutzutage noch bekannte Hersteller und Maschinen, aber auch solche Namen, die längst nicht mehr jedermann ein Begriff sein dürften. Dieser kleine Überblick über die Entwicklung der Erdbewegungsgeräte in den 70er Jahre ist selbstverständlich unvollständig, da er eher zufällig zustande gekommen ist. Dennoch lässt sich bei dem einen oder anderen Hersteller durchaus die Entwicklung zu immer größeren Einheiten verfolgen, namentlich sei in diesem Zusammenhang die Gruppe der Hydraulikbagger genannt. Einige der Hannover Messen, waren im Rahmen der wechselnden Ausstellungsschwerpunkte in erster Linie den Hebezeugen vorbehalten, so dass in diesen Jahren keine oder kaum Erdbewegungsgeräte gezeigt wurden. Diese Messen werden an dieser Stelle zwangsläufig entsprechend kürzer abgehandelt oder auch, wie im Fall der Hannover Messe 1975, in dieser Übersicht gar nicht auftauchen. Dies gilt natürlich auch für die Kran- und Schwertransportausstellung Imonta 1974 in Recklinghausen. Und nun sollen die Bilder „sprechen".

Die Fahrzeuge der Faun Muldenkipperpalette vom K 10 bis zum K 40 stehen mit angehobenen Mulden fotogen aufgereiht auf dem Messestand; die Motorleistungen reichten von 125 PS bis zu 400 PS; der Begriff Faun stellt in diesem Fall übrigens keine Anleihe aus der griechischen Mythologie dar, sondern steht für „Fahrzeugfabriken Ansbach und Nürnberg", die sich im Jahr 1918 zusammengeschlossen hatten

Links: **Unter der eingängigen Werbebotschaft „Der größte Hydro-Bagger und -Lader der Welt“ wurde der Orenstein & Koppel RH 60 anlässlich der Hannover-Messe 1970 erstmals vorgestellt; mit seiner Klappschaufel von 6 m³ Inhalt brachte er es auf ein Dienstgewicht von 100 t; angetrieben wurde der Bagger von 2 Deutz Dieselmotoren mit einer Leistung von je 315 PS; „Mit dem RH 60 wird die vielfach aufgestellte Behauptung widerlegt, Geräte dieser Größe seien nicht mehr hydraulisch zu beherrschen“ (Zitat aus dem zeitgenössischen Prospekt).** Rechts: **Der abgebildete Terex TS-14 Doppelmotorscraper ist mit dem „Twin Hitch“ System ausgerüstet, mit dessen Hilfe sich zwei Scraper vor dem Beginn des Ladevorgangs zusammenkuppeln und sich auf diese Art durch Schieben bzw. Ziehen während des Schürfens unterstützten konnten, so dass die beiden Kübel nacheinander gefüllt werden konnten; der Kübel fasste gehäuft 12,2 m³, die beiden gleich großen GM-Motoren des TS-14 Scrapers gaben zusammengenommen eine Leistung von 292 PS ab**

Der zu jener Zeit größte Weserhütte Seilbagger W 270, hier mit Hochlöffelausrüstung ausgerüstet für den Einsatz im Steinbruch oder bei großen Bauvorhaben, besaß einen Löffelinhalt von 3,0 m³ und ein Betriebsgewicht von 94 t; der Oberwagen wurde speziell für die Ausstellung großflächig verglast, um den Messebesuchern einen besseren Einblick auf Motor, Getriebe und Seiltrommeln zu ermöglichen; der Seilantrieb für den Löffelvorschub, der über beidseitig vom Ausleger angeordnete Zahnstangen erfolgte, ist gut zu erkennen; der Dieselmotor leistete 330 PS, für den stationären Einsatz im Steinbruch konnte jedoch auch ein elektrischer Antrieb eingebaut werden, dessen Stromversorgung mittels eine Schleppkabels erfolgte

Rechts: **Ein Raupen-Universalbagger des bekannten englischen Herstellers Ruston-Bucyrus, der 38-RB, war als Dragline mit einer 2,5 m³ fassenden Schleppschaufel ausgerüstet und wurde angetrieben von einem Dieselmotor mit einer Leistung von 158 PS; das Gerät belädt auf der Hannover-Messe 1971 einen Wabco 35C Muldenkipper; als Dragline ausgerüstet lag das Arbeitsgewicht des Baggers bei 50 t, wobei Auslegerlängen von 12 m bis zu 27 m zur Verfügung standen; ein Umrüsten auf Greiferbetrieb oder auf den Einsatz als Hoch- beziehungsweise Tieflöffelbagger war innerhalb von kurzer Zeit möglich**

Unten: **Als Besonderheit besaß der Broyt X4 Hydraulikbagger keinen eigenen Fahrantrieb; das Fortbewegen erfolgte vielmehr mittels der Arbeitshydraulik, indem die Vorderachse mitsamt den Stahlrädern angehoben and anschließend die Hinterachse nachgezogen wurde; auf diese Weise war es möglich. den Unterwagen konkurrenzlos einfach und verschleißarm zu konstruieren; bei einem Betriebsgewicht von 29 t betrug der Inhalt des Tieflöffels 1,3 m³ und der der Ladeschaufel 2,3 m³; die Motorleistung lag bei 200 PS; der Transport des Baggers auch über längere Strecken konnte auf einfachste Weise durch ein Abstützen des Löffels auf der Ladefläche eines LKWs und ein sich anschließendes Anheben der Vorderachse des Baggers erfolgen, so dass er auf seiner nicht angetriebenen, gummibereiften Hinterachse rollte**

Links: **Der Poclain HC300 war ab 1968 über einen Zeitraum von mehreren Jahren der größte Bagger dieses Herstellers und gleichzeitig ein Vertreter der obersten Leistungsklasse bei den Hydraulikbaggern; er wurde von einem 270 PS starken Deutz Dieselmotor angetrieben und brachte, ausgerüstet mit einer 3 m³ fassenden Ladeschaufelausrüstung, um die 45 t auf die Waage; der Inhalt des Tieflöffels betrug 1,4 m³; er war auch in Deutschland recht häufig auf Baustellen und in Steinbrüchen anzutreffen.**
Rechts: **In einer ähnlichen Größenklasse wie der gerade erwähnte Poclain Bagger war auch der Liebherr 971 angesiedelt, das langjährige Flaggschiff der Hydraulikbaggerbaureihe dieser erfreulicherweise auch heute noch selbstständigen Firma, der hier mit Hochlöffelausrüstung und extra schwerem Unterwagen speziell für den Einsatz im Steinbruch ausgestellt ist; sein Dienstgewicht betrug 56 t, für den Antrieb sorgte ein Dieselmotor mit 210 PS; der Schaufelinhalt betrug 2,5 m³**

Der M 350 H gehörte zu der ersten Generation der Menck & Hambrock Hydraulikbagger, die nach der 1966 erfolgten mehrheitlichen Übernahme dieser Firma durch Koehring nahezu identisch mit den Geräten dieses US-amerikanischen Herstellers waren; diese Bagger erwiesen sich allerdings als nicht konkurrenzfähig im Vergleich zu den in Europa von anderen Firmen gebauten Hydraulikbaggern, da sie alles in allem zu schwach konstruiert waren; zu spät entschloss man sich bei Menck aufgrund dieser Erfahrungen, eigene Hydraulikbagger zu konstruieren und zu bauen; der M 350 H besaß einen 170 PS Motor, er wog 36 t und sein Tieflöffel fasste bis zu 1,5 m³; die beiden Menck Seilbagger im Hintergrund sind mit einer Dieselramme bzw. mit einem ebenfalls von Menck hergestellten hydraulisch betätigten Ziehgerät für Spundwände ausgerüstet

Von Wabco waren auf der Ausstellung der bereits erwähnte 35C Muldenkipper, der demgegenüber hierzulande relativ unbekannte 777B Motorgrader mit einer Motorleistung von 220 PS sowie ein Radlader aus der Baureihe der ehemaligen Firma Scoopmobile zu sehen, die man im Hinblick auf eine Komplettierung des eigenen Lieferprogramms an Erdbewegungsgeräten erworben hatte; der 35C besaß einen GM Dieselmotor mit einer Leistung von 420 PS, wies eine Nutzlast von 38 t auf und brachte ein Leergewicht von 26 t auf die Waage

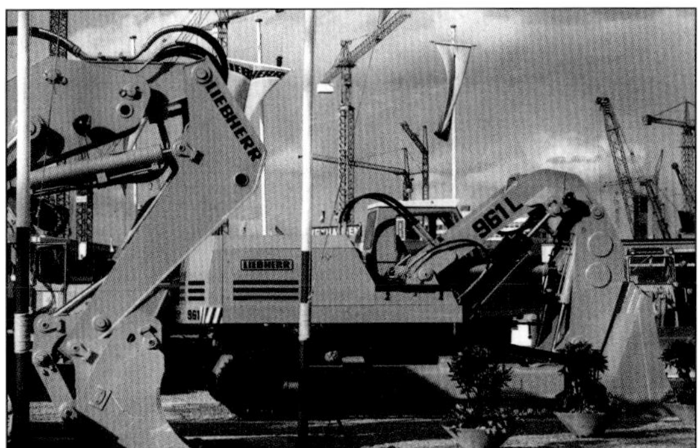

Links: **Als Neuheit wurde der Demag H101 der Öffentlichkeit auf der Hannover-Messe 1972 vorgestellt; es handelte sich um einen weiteren Hydraulik-Großbagger, der speziell für den Einsatz im Steinbruch und für große Erdbewegungsarbeiten im Straßenbau konzipiert worden war und der den bekannten Seilbagger BL 323 ablösen sollte; die Klappschaufel fasste 4 m^3, eine weitere Ladeschaufel mit einem Inhalt von 6 m^3 war für den leichten Erdbau verfügbar, das Betriebsgewicht lag bei knapp 100 t; für den Antrieb sorgten 2 Deutz Motoren mit je 222 PS Leistung; da der H101 in etwa doppelt so groß wie der bewährte H41 war, kamen verschiedene Hydraulikaggregate aus ihm in doppelter Version zur Anwendung, ebenso wie auch der Dieselmotor.**
Rechts: **Die Firma Liebherr stellte als Neuheit den als Lademaschine bezeichneten R 961 L aus, die aus der Maschinenbauart des Raupen-Hydraulikbaggers abgeleitet worden war und mit einer fest angebauten, nicht gegen andere Arbeitsgeräte austauschbaren Ladeschaufel-Einrichtung mit einem Inhalt von 4 m^3 versehen war: gegenüber dem Baggertyp R 961 war der Ausleger mitsamt Schaufelstiel grundlegend überarbeitet worden, um die Kriterien von ausreichender Reichweite und -höhe mit guten Schaufelfüllungsgraden bei möglichst kurzen Schürfwegen optimal miteinander zu verbinden; Unter- und Oberwagen waren ansonsten unverändert geblieben; diesem Konzept war gegenüber einer konventionellen Ladeschaufelausrüstung, wie sie links auf der Abbildung zu erkennen ist, langfristig kein durchschlagender Erfolg beschieden**

Der US-Hersteller International Harvester Co. (IHC) zeigte unter anderem den Großradlader H-400 B PAYloader mit einem Schaufelinhalt von 7,6 m^3 und einer Motorleistung von 507 PS, dessen Reifen mit Schutzketten für den Einsatz auf felsigem Material ausgerüstet waren und in dessen Schaufel der kleinste PAYloader werbewirksam Platz gefunden hatte, sowie den Selbstladescraper E 211 PAYscraper; letzterer besaß einen 8,9 m^3 fassenden Schürfkübel bei 152 PS Antriebsleistung mit hydraulischem Antrieb des Elevators; er erreichte eine Fahrgeschwindigkeit von bis zu 40 km/h

Der Exaktbagger 431 von Schwing wies als besondere Eigenschaft eine zwangsgelenkte Parallelführung des verlängerten und mit einem zusätzlichen Gelenk versehenen Auslegers auf, die die vom Teleskopbagger her bekannte Führung der Arbeitswerkzeuge mit der Arbeitsweise normaler Hydraulikbagger kombinierte; die etwa 20 t wiegende Maschine wurde standardmäßig mit einem 1 m^3 fassenden Tieflöffel angeboten, die Motorleistung betrug 108 PS; die Reichweite bei Tieflöffelbetrieb lag bei beachtlichen 12,5 m; eine Vielzahl von weiteren Werkzeugen wie beispielsweise Ladeschaufel, Kranhaken, Greifer und Planierschild konnte angebaut werden

Der T40 Muldenkipper des Herstellers Perlini aus Italien mit einer Nutzlast von 40 t bestach auf den ersten Blick durch die durchaus als elegant zu bezeichnende Formgebung der Motorhaube und der Fahrerkabine; letztere war interessanterweise und im Gegensatz zu den meisten Muldenkippern anderer Hersteller auf der rechten Seite des Fahrzeugs angeordnet, und nicht auf der linken Seite; angetrieben wurde der T40 von einem GM Dieselmotor mit 440 PS, sein Leergewicht lag bei 27 t, und die maximal erreichbare Fahrgeschwindigkeit betrugt 64 km/h

Die Familie der Unidachs Teleskopbagger der Firma Wieger Maschinenbau bestand aus 4 größenmäßig unterschiedlichen Grundtypen, die in allen Variationen angeboten wurden, so als Raupenbagger, auf Luftreifen, als Mehrwegebagger oder auf einem Lkw Chassis montiert; an den in maxialer Richtung mitsamt dem angebauten Werkzeug um 360° drehbar gelagerten Teleskoparm konnten die unterschiedlichsten Werkzeuge für Erdbau, Schlackeaufbereitung, Hubarbeiten und so weiter angebaut werden; die Dienstgewichte der Bagger lagen zwischen 9 t und 26,5 t, die Antriebsleistungen zwischen 64 PS und 240 PS

Rechts: **Menck & Hambrock präsentierte neben anderen Geräten als große Neuheit den vollständig neu entwickelten M 750, einen vollhydraulisch angetriebenen Seilbagger, der mit Gittermast ausgerüstet war; vorgesehen war dieses innovative Gerät, das von einem 240 PS starken Motor angetrieben wurde, einerseits für den Einsatz mit Schürfkübeleinrichtung im Erdbau oder aber andererseits als Hochbaukran beziehungsweise Trägergerät für Rammen oder ähnliches, als Kran lag seine maximale Tragfähigkeit bei 75 t; nur wenige Jahre später erwarb der ehemalige Wettbewerber Liebherr, nachdem man bei Menck im Jahr 1978 die Baumaschinenfertigung aufgegeben hatte, die Rechte an dem M 750; dieses Gerät lieferte die technischen Grundlagen für den Bau eines hydrostatisch angetriebenen Seilbaggers durch Liebherr, aus dem dann bald eine ganze, höchst erfolgreiche Baureihe entstehen sollte**

Der Yale 6000, gefertigt in den USA, war ein großer knickgelenkter Radlader mit einem Schaufelinhalt von 4,6 m³, einer Motorleistung von 340 PS und einem Einsatzgewicht von weit über 30 t; ungewöhnlich ist, dass die identischen Radlader dieses Herstellers zunächst mit dem Markennamen „Trojan“ bezeichnet wurden, später dann, nach Übernahme dieser Firma durch den US-Konzern Eaton Yale & Towne, mit „Yale“; 1979 übernahmen die Faun Werke die Kapitalmehrheit an der Yale Construction Machinery Division von der Eaton Corp. und nannten das US-Radladerwerk um in Trojan Industries; die beiden größten Geräte dieser Firma ergänzten das Faun-Frisch Radlader-Bauprogramm nach oben hin, wobei deren Fertigung allerdings weiterhin in den USA erfolgte

Links: **Erstmals, und aus heutiger Sicht betrachtet gleichzeitig auch zum einzigen Mal überhaupt auf einer Ausstellung, wurde auf der Expomat 1972 in Paris der riesige Secmafer SF TT 115 Muldenkipper mit einer Nutzlast von 115 t ausgestellt, der für den Einsatz im Tagebaubereich konzipiert worden war; sein Motor leistete 1320 PS; die Besonderheit dieses Fahrzeugs lag neben seiner Größe darin, dass auch die Hinterräder nur einzeln bereift waren und dass alle 4 Räder über in die Radnaben eingebaute Motoren hydrostatisch angetrieben wurden; der hierbei maximal erforderliche Öldruck lag bei 500 bar; die in beladenem Zustand erreichbare Höchstgeschwindigkeit des Fahrzeugs betrug allerdings lediglich recht bescheidene 25 km/h.** Rechts: **Der Pingon 18A, der als größter Hydraulikbagger der Welt auf Rädern bezeichnet wurde, zeichnete sich dadurch aus, dass er seine Räder, die an Schwingen befestigt waren, hydraulisch hochfahren konnte, so dass er während des Baggerns stabil auf einer über den Drehkranz fest mit dem Oberwagen verbundenen Plattform stand; andererseits konnte er mit heruntergefahrenen Rädern und demzufolge angehobener Plattform ähnlich beweglich auf der Baustelle oder Straße unterwegs sein wie ein Mobilbagger; angetrieben wurde er von einem 334 PS starken Dieselmotor, sein Dienstgewicht kam nah an 50 t heran, und die Ladeschaufel hatte einen Inhalt von 4 m^3; seine Transportgeschwindigkeit auf ebener Strecke betrug 20 km/h; das Lenken erfolgte ähnlich wie bei vielen Planierraupen durch ein einseitiges Abbremsen der Räder**

Der John Deere JD760 Elevatorscraper mit einem Kübelinhalt von 7,5 m^3 war auf einem zweiachsigen Zugtraktor aufgesattelt, der von einem Dieselmotor mit einer Leistung von 154 PS angetrieben wurde; das Eigengewicht der gesamten Einheit betrug 14,6 t; dieser Scraper war dafür konstruiert, als Einmann-Maschine ohne Schubraupe zu arbeiten; er war hinreichend klein und damit in Anschaffung und Betrieb kostengünstig genug, um auch für den kleineren Bauunternehmer von Interesse zu sein, der die Vorteile eines Schürfzuges bei der Ausführung von Erdarbeiten nutzen wollte

Die eindrucksvolle HD-41 Raupe von Allis-Chalmers war keine Neuheit mehr, denn sie war nach einer Erprobungszeit von bald 7 Jahren bereits 1969 in ihrer endgültigen Form der Öffentlichkeit vorgestellt worden; dennoch aber beeindruckte sie immer noch allein aufgrund ihrer technischen Daten, die ihr über mehrere Jahre den Titel der größten Planierraupe der Welt eingebracht hatten; ihr Cummins Motor leistete 524 PS, ihr Transportgewicht von 46 t erhöhte sich mit einem Schild auf etwa 57 t und zusätzlich versehen mit einem Kelley-Aufreißer, wie auf dem Bild zu sehen, oder alternativ mit einem Parallelogramm-Aufreißer schließlich auf etwa 65 t; ihre Geschwindigkeit betrug bis zu 10,5 km/h; dieses Gerät kam auch in Deutschland vielfach in Steinbrüchen und auf Großbaustellen zum Einsatz

Links: **Der Poclain EC 1000 wurde 1970 erstmals vorgestellt und übernahm vom O&K RH 60 den Titel des weltgrößten Hydraulikbaggers, den dieser lediglich einige Wochen innegehabt hatte; sein Dienstgewicht betrug 137 t, seine Hydraulikpumpen wurden von 3 GM-Dieselmotoren mit einer kombinierten Leistung von 780 PS angetrieben, und seine anstelle einer Klappschaufel angebaute Kippschaufel fasste 7 m³ an Felsgestein oder Erdreich: er war etwa dreimal so groß wie der zuvor größte Poclain Hydraulikbagger, der HC 300; leider konnten von dem EC 1000 nur wenige Exemplare verkauft und in Steinbrüchen beziehungsweise auf Großbaustellen zum Einsatz gebracht werden.** Rechts: **Ein ungewöhnliches Bild: Ein Caterpillar 988 Radlader mit einem Schaufelinhalt von 5,4 m³ und ein O&K RH 25 Hydraulikbagger mit einem Inhalt seiner Klappschaufel von 2,5 m³ beladen von beiden Seiten einen großen Caterpillar 773 Muldenkipper mit einer Kapazität von 50 t; auf der Ausstellung war dies in dieser Gerätezusammenstellung nur möglich, weil der französische Cat-Händler seinerzeit für Frankreich auch die Verkaufsrechte für die O&K Bagger besaß, bevor Caterpillar mit entsprechenden Hydraulikbaggern aus eigener Herstellung auf den Markt kam**

Die D355A von Komatsu ähnelte von ihrem Erscheinungsbild her ein wenig der Caterpillar D9G Raupe; auch leistungsmäßig war sie mit den 410 PS ihres Komatsu Dieselmotors bei einem Gewicht von ca. 36 t in der gleichen Klasse angesiedelt, mit Heckaufreißer und Planierschild kam sie auf ein Arbeitsgewicht von ca. 50 t; einzusetzen war sie als Planiergerät, als Reißraupe im Fels sowie als Schubraupe für Scraper; es ist nicht auszuschließen, dass die weltweit eingesetzten Caterpillar Raupen, insbesondere die D9, in der Entwicklungsphase der D355A in mancherlei Hinsicht als Vorbild für den japanischen Hersteller dienten

Einer Raupe aus sowjetischer Produktion in Gestalt dieser D 572 bin ich auf Baumaschinenausstellungen nur dieses eine Mal begegnet; ihr wassergekühlter V-12 Dieselmotor besaß eine Leistung von 300 PS, und ihr Betriebsgewicht einschließlich des Planierschildes lag bei 31 t; der Antrieb der Raupen erfolgte dieselelektrisch durch über einen Generator erzeugten Strom, die 6 Stützrollen auf jeder Seite des Raupenfahrwerks waren elastisch gelagert; der auf dem Bild recht wuchtig wirkende hydraulisch betätigte Heckaufreißer besaß bei einem Gewicht von 5,9 t eine Länge der Zähne von 1,7 m

Menck & Hambrock stellte unter anderem die SR 85 Schürfraupe vor, die mit Planierschild ausgerüstet war; der 220 PS starke Antriebsmotor verlieh dem Gerät in beiden Fahrtrichtungen eine Höchstgeschwindigkeit von 14 km/h; der Schürfkübel fasste 8,5 m^3, das Arbeitsgewicht lag bei gut 20 t; als Zubehör waren unter anderem auch Reißzähne lieferbar, so dass sich das Gerät zum Schürfen, Schieben, mit angehobenem Kübel bodenfreien Transportieren und Reißen von vielen Materialien an Land oder in bis zu 1 m tiefem Wasser bestens eignete; mit einer speziellen Wateinrichtung konnte die Maschine sogar in Wasser mit einer Tiefe von bis zu 1,8 m eingesetzt werden; hinter der Schürfraupe steht der Menck M 154 LC, ausgestattet mit einem Traktorraupenfahrwerk, der von einem 167 PS starken Dieselmotor angetrieben wurde

Der Wabco Elevatorscraper 101F, ausgestellt auf der Hannover-Messe 1973, besaß als einer der kleinsten Vertreter seiner Gattung einen Kübel mit einem Fassungsvermögen von 6,9 m^3 und wurde von einem Cummins Dieselmotor mit einer Leistung von 178 PS angetrieben; seine Gesamtbreite von 2,44 m bei einer Länge von 9,14 m erlaubte das Befahren öffentlicher Straßen ohne Sondergenehmigung; seine Höchstgeschwindigkeit belief sich immerhin auf 45 km/h; ungewöhnlich ist die Anordnung des Fahrerhauses, das von vorne gesehen in mittiger Position oberhalb des Motors, und nicht wie üblicherweise seitlich versetzt angeordnet war

Links: **Mit dem neuen R 981 konnte Liebherr auf der Hannover-Messe 1974 sein Hydraulikbaggerprogramm ein weiteres Mal nach oben hin in eine neue Leistungsklasse erweitern; zwei Dieselmotoren mit jeweils 160 PS trieben je 2 Hydraulikpumpen an, die 4 x 175 l Öl pro Minute bei einem maximalen Betriebsdruck von 280 bar förderten; das Betriebsgewicht mit Hochlöffelausrüstung lag bei 60 t, in der HD-Version mit robusterem Unterwagen insbesondere für den Einsatz im Steinbruch bei 75 t; der Inhalt der Ladeschaufel betrug 3,5 m³, der des selbstverständlich auch lieferbaren Tieflöffels 2,5 m³.** Rechts: **Nachdem etwa 3 Jahre zuvor als der erste Caterpillar Hydraulikbagger aller Zeiten das Modell 225 vorgestellt worden war, folgte nun als zweites Gerät aus dieser Baureihe im gleichen optischen Erscheinungsbild der Typ 235; bei 33,4 t Einsatzgewicht und einer Motorleistung von 195 PS konnten Tieflöffel bis zu einem Inhalt von 1,6 m³ an den Löffelstiel angebaut werden; auch eine Ladeschaufeleinrichtung war erhältlich**

3 Großgeräte aus dem O&K Baumaschinenprogramm, fotografiert aus der Vogelperspektive, seien kurz vorgestellt: Der größte Hydraulikbagger dieses Herstellers, der RH 60, ist in den Farben des englischen Tagebaubetreibers NSM zu sehen, er wies ein Gewicht von 116 t und einen Schaufelinhalt von 6,5 m³ auf; der erstmals vorgestellte RH 35 folgt mit einem Dienstgewicht von 75 t und einem Inhalt der Klappschaufel von 3,5 m³, wobei die Motorleistung 312 PS betrug; der kleinste Typ aus der ebenfalls neu vorgestellten Reihe der vollhydraulischen Schaufelradbagger, der SH 250, brachte 75 t auf die Waage, seine 10 einzelnen Schaufeln mit einem Inhalt von jeweils 250 l, die gleichmäßig um das Rad verteilt angeordnet waren, erbrachten, selbstverständlich nur bei einem für diese Art der Gewinnung geeignetem Material, aufgrund der kontinuierlichen Arbeitsweise eine enorme Förderleistung von 1150 m³/h

Rechts: **Atlas zeigte neben seinem aktuellen Baumaschinenprogramm als Blickfang den bereits 1954 entwickelten Typ 1500 auf Reifenfahrwerk, bei dem es sich weltweit um einen der ersten Hydraulikbagger überhaupt handelte; interessant ist neben der in zeitgemäßer Form stromlinienförmig gestalteten Karosserie aus glasfaserverstärktem Kunststoff der teleskopartig ausfahrbare Ausleger und das jenseits des Anlenkpunktes angeordnete Ausleger-Gegengewicht; auch eine Hochlöffelausrüstung konnte anstelle eines Tieflöffels beziehungsweise eines Greifers angebaut werden; für den Antrieb des Baggers, der 1974 noch in täglichem Einsatz beim Laden von Schüttgut stand, fand ein 45 PS leistender Deutz Dieselmotor Verwendung**

Unten: **Der Frisch F 2020 Raddozer bot durch die direkt hinter dem Schild und zusätzlich noch seitlich angeordnete Fahrerkabine ein ungewohntes Erscheinungsbild; angetrieben wurde er durch einen 210 PS Dieselmotor, sein Gewicht betrug 20,5 t; vorgesehen war dieses im Jahr 1971 auf den Markt gekommene Gerät mit Ausnahme von Arbeiten im Fels für viele unterschiedliche Einsatzfälle, bei denen dieses radangetriebene Planiergerät einem Kettendozer mit ähnlicher Motorleistung ebenbürtig oder sogar überlegen war; eine zentrale Rolle spielte bei einem entsprechenden Vergleich der wesentlich geringere Laufwerksverschleiß und die höhere Geschwindigkeit des F 2020 von bis zu 34 km/h; zusätzlich war durch die Knicklenkung eine große Wendigkeit gegeben**

Der Michigan Doppelmotor-Elevatorscraper 110 H-T, vertrieben durch Clark International Marketing S.A., war mit 2 jeweils 162 PS leistenden Dieselmotoren ausgerüstet und besaß bei einem Leergewicht von 23,6 t einen gehäuften Kübelinhalt von 12,2 m^3; sein Allradantrieb machte ihn für den Betreiber insbesondere bei Vorliegen von schwierigen Bodenverhältnissen interessant, da er auch unter diesen Einsatzbedingungen während des Schürfens aufgrund des Antriebs aller 4 Räder keine Schubraupe benötigte; der Elevator wurde hydraulisch angetrieben

Der neue knickgelenkte Muldenkipper Faun K 18 besaß einen einachsigen Zugkopf, dessen Räder hydrodynamisch, also über einen Drehmomentwandler angetrieben wurden, eine Spitzengeschwindigkeit von 50 km/h war möglich; der hydrostatische Antrieb der hinteren der beiden Hinterachsen konnte bei ungünstigen Bodenverhältnissen oder bei starken Steigungen zur Erhöhung der Antriebsleistung zugeschaltet werden; die Nutzlast betrug 15 t bei einer Motorleistung von 157 PS und einem Leergewicht des Kippers von 11 t; ein konstruktives Merkmal dieses Fahrzeugs war die hervorragende Geländegängigkeit

Als Niederhubkipper KV 18 N bezeichnete Kaelble den abgebildeten knickgelenkten Muldenkipper, der aufgrund seiner niedrigen Bauweise hervorragend für den Untertagebetrieb geeignet war; als Antrieb waren mehr als 200 PS starke Deutz beziehungsweise Daimler-Benz Dieselmotoren vorgesehen; die Nutzlast der nach hinten kippbaren Mulde betrug 18 t, das Gesamtgewicht in beladenem Zustand wurde mit 35,2 t angegeben; das Fahrzeug besaß im Gegensatz zu vergleichbaren Kippern ein nicht pendelndes Knickgelenk, anstelle dessen war die Vorderachse als Pendelachse ausgebildet; weiter hinten ist mit dem KVW 27 ein konventioneller Muldenkipper mit starrem Rahmen ausgestellt, der bei einer Nutzlast von 27 t von einem etwa 400 PS starken Dieselmotor angetrieben wurde, während am rechten Bildrand ein Kaelble Radlader zu sehen ist

Links: **Als Weiterentwicklung des erfolgreichen O&K Großhydraulikbaggers RH 60 wurde auf der Hannover-Messe 1976 der RH 75 mit einem Dienstgewicht von nun 140 t vorgestellt; eine wesentliche Änderung gegenüber seinem Vorgängermodell betraf den Antrieb, denn eingebaut waren nun 2 wassergekühlte Cummins Dieselmotoren, die dem Bagger eine Leistung von zusammen 696 PS verliehen; die Ladeschaufel fasste 7,65 m³; die Pumpenfördermenge an Hydrauliköl betrug 2 x 500 l/min bei einem Arbeitsdruck von maximal 300 bar; der RH 75 sollte sich binnen kurzer Zeit im Hinblick auf seine Verkaufszahlen zu einem wahren Erfolgsmodell entwickeln; er kam in Folge häufig auch mit Tieflöffelausleger zum Einsatz, insbesondere im Steinbruchbetrieb oder im Tagebaubereich.** Rechts: **In Gestalt des 252FT stellte Wabco einen für den europäischen Markt neuen Elevatorscraper mit Allradantrieb vor; seine beiden Motoren leisteten jeweils 350 PS, der Inhalt des Schürfkübels betrug 20,6 m³, die maximal mögliche Fahrgeschwindigkeit lag bei 48 km/h; das Leergewicht des Scrapers betrug etwa 43 t; Drehmomentwandler und Lastschaltgetriebe waren selbstverständliche Bestandteile des Antriebsstrangs; wie bei den entsprechenden Scrapern anderer Hersteller erfolgte auch bei diesem Gerät das Schürfen, indem die Elevatorketten sich in Fahrtrichtung drehten und die zwischen ihnen angebrachten Leisten das Material in den Kübel befördern; zum Beschleunigen des Entladens rotierte der Elevator dann in umgekehrter Richtung**

Der von Terex, einer Tochter des GM Konzerns, gebaute 33-07 Muldenkipper war als zweitgrößtes Fahrzeug der neuen 33-er Baureihe noch nicht allzu lange auf dem Markt; die 33-er Modelle sollten die noch aus alten Euclid-Zeiten stammende und inzwischen nicht mehr dem aktuellen Stand der Technik entsprechende R-Serie ersetzen; die Antriebseinheit des 33-07 war ein GM-Dieselmotor mit einer Leistung von 493 PS, und seine Nutzlast betrug 40 t; das Kunstwort „Terex“ besteht übrigens aus einer Zusammensetzung der lateinischen Worte „terra“ = Erde und „rex“ = König

Der Faun Muldenkipper K 40.4 war nach seiner Erprobungsphase gerade in die Serienfertigung gegangen, hier ist er in seinem ursprünglichen Erscheinungsbild mit der abgeschrägten Motorhaube zu sehen; das Gerät war in der Lage, bei einer Motorleistung von 433 PS eine Nutzlast von 36 t zu transportieren; wahlweise angetrieben wurde er von einem Deutz beziehungsweise einem GM Dieselmotor mit bis zu 433 PS; dieses Fahrzeug konnte auch mit Allradantrieb geliefert werden; der im Hintergrund sichtbare, dem Leser bereits bekannte knickgelenkte Muldenkipper war von K 18 in K 22.2 umbenannt worden, seine Nutzlast konnte auf 18 t gesteigert werden

Links: **Und wieder ein neuer „Größter": Der Liebherr 991 löste den 981 als neuen Spitzenreiter im Hydraulikbagger-Bauprogramm ab, gleichzeitig war dies der größte Bagger auf der Bauma 1977 überhaupt; sein Dienstgewicht einschließlich der 7,6 m³ fassenden Ladeschaufel betrug 140 t, als Antriebsaggregate dienten zwei Cummins Dieselmotoren mit 2 x 360 PS, erzeugt von 2 Cummins Dieselmotoren; lieferbar war er auch mit einer 4,5 m³ Tieflöffelausrüstung; es sei vermerkt, dass die Klappschaufel allein ungefähr so viel wog wie der gesamte 911 C Hydraulikbagger; auffällig war das formschön gestaltete, ungewöhnlich geräumig wirkende Fahrerhaus mit integriertem Steinschlagschutz.** Rechts: **In Nachfolge des H 101 stellte auch Demag Baumaschinen als Spitzenmodell einen neuen Hydraulik-Großbagger vor, den H 111, der von 2 Dieselmotoren mit zusammen 608 PS Leistung angetrieben wurde; die Standard-Ladeschaufel fasste 5 m³, später vergrößert auf bis zu 7,5 m³, ausgestellt war er aber mit einer 10,5 m³ fassenden Klappschaufel für den Kohleumschlag oder für vergleichbare Schüttgüter mit niedrigem spezifischen Gewicht; ins Auge fiel die höher gesetzte Fahrerkabine mitsamt dem Steinschlagschutz; der H 111, dessen Einsatzgewicht 109 t betrug, wurde dem staunenden Messepublikum werbewirksam aufgehängt an dem Haken eines TC 600 Autokranes präsentiert, wenn auch nur wenige Zentimeter über dem Erdboden**

Der erstmals ausgestellte W 320 ergänzte die bereits seit langem existierende Baureihe der mechanisch angetriebenen Weserhütte Gittermast-Seilbagger beziehungsweise Trägergeräte nach oben hin; er war sowohl als Schleppschaufelbagger als auch als Kran oder Trägergerät beispielsweise für Rammausrüstungen einzusetzen; als Bagger gestattete er den Anbau von Auslegern bis zu einer Länge von 43 m bei einem Schaufelinhalt von bis zu 3,8 m³, hierbei betrug das Einsatzgewicht 105 t; ausgerüstet als Kran mit einem 45 m langen Ausleger konnte der W 320 maximal eine Masse von 63 t heben; lediglich eine Hochlöffelausrüstung war für ihn werkseitig nicht mehr vorgesehen, bedingt durch den Siegeszug der Hydraulikbagger; im Hintergrund der Abbildung zu sehen ist ein Vertreter dieser Gattung, der Weserhütte HW 250

Der Michigan 475B Radlader, vertrieben durch Clark International Marketing S.A., gehörte zu den größten seiner Art, zumindest in Europa; er wies eine Motorleistung von 690 PS auf, und ausgerüstet mit einer 10 m³ fassenden Felsschaufel betrug sein Eigengewicht 72 t; das Haupteinsatzgebiet dieses Gerätes war in Steinbrüchen oder Tagebauen das Beladen entsprechend großer Muldenkipper oder das direkte Beschicken eines Brechers im „load-and-carry“ Betrieb; ein weiteres Einsatzgebiet bestand in dem Losbrechen von abgekühlter Hochofenschlacke aus dem Schüttbett im Rahmen ihrer Wiederaufbereitung

Bei dem Radlader 72-81 handelte es sich um den größten Lader aus dem GM-Terex Bauprogramm; sein ebenfalls von General Motors hergestellter Motor brachte es auf 465 PS, die Standardschaufel fasste 6,9 m³ und das Betriebsgewicht lag bei über 50 t; der Lader in seiner charakteristischen grünen Lackierung stellte den idealen Partner für einen Muldenkipper der 35 t bis 40 t Klasse dar, den er in drei schnellen Arbeitsspielen gehäuft beladen konnte; die Knicklenkung mit einem Schaufelschwenkbereich von 80° sorgte für eine gute Manövrierfähigkeit; im Hintergrund ist ein weiterer Radlader aus dem Terex-Bauprogramm zu erkennen

Erdbewegungsgeräte aus dem Hause der englischen Firma Aveling-Barford waren hierzulande auf Baustellen nicht allzu häufig anzutreffen; der knickgelenkte Radlader TS 500 P besaß einen Dieselmotor mit einer Leistung von 314 PS und eine 4,6 m³ fassende Standardschaufel; weiterhin auf der Abbildung auszumachen ist ein Centaur Muldenkipper desselben Herstellers mit einer Nutzlast von etwa 30 t

Auf dem Ausstellungsstand aufgereiht ist ein Teil des Bauprogramms der Atlas Hydraulikbagger zu sehen; der große AB 2505 B im Vordergrund, eine 45 t wiegende Maschine mit einer Motorleistung von 222 PS, die mit einer Hochlöffelausrüstung mit einem Fassungsvermögen von bis zu 3,2 m³ ausgerüstet ist, ist für den Einsatz im Steinbruch vorgesehen, ebenso wie der etwas kleinere und ebenfalls mit einem Steinschlagschutz ausgerüstete AB 2002 als drittes Gerät; ein weiterer AB 2002 zwischen diesen beiden Baggern, der mit einen längeren Unterwagen ausgerüstet ist, wurde für allgemeine Erdbewegungsarbeiten mit einer Tieflöffeleinrichtung versehen

Links: **Die ausgestellte Gerätepalette auf dem Poclain Stand umfasste neben den Poclain Baggern unter anderem auch Dumper und Radlader von Volvo; zu erkennen ist vor dem Poclain 300 mit einer 3,2 m³ fassenden Klappschaufel und einer Motorleistung von 312 PS, dem Nachfolgemodell des erfolgreichen HC300, der knickgelenkte Muldenkipper des Typs BM 860 von Volvo, einem der weltweit ersten Hersteller, die die einsatztechnischen Vorteile dieser Gerätegattung erkannt hatten; der BM 860 konnte bei einer Motorleistung von 146 PS in seiner Mulde bis zu 18,5 t transportieren und war Dank der Konstruktion des Knickgelenkes und der Tandemachsen extrem geländegängig und wendig; die Räder des Zugkopfes wurden mechanisch über einen Drehmomentwandler angetrieben, zuschaltbar war ein ebenfalls mechanischer Antrieb für die vordere der beiden Hinterachsen.** Rechts: **Als Prototyp vorgestellt wurde mit dem Typ DP855 ein ungewöhnlich großer Muldenkipper des italienischen Herstellers Perlini mit einer Nutzlast von 77 metrischen Tonnen; die über ein Lastschaltgetriebe mit Drehmomentwandler übertragene Motorleistung betrug 800 PS, die maximale Fahrgeschwindigkeit wurde mit 60 km/h angegeben; dieses schneeweiß lackierte Fahrzeug erregte aufgrund seiner damals noch eher ungewöhnlichen Größe und seiner durchaus als gelungen zu bezeichnenden Formgebung während der Messetage viel Aufmerksamkeit**

Als Nachfolgemodell des bekannten 988 Radladers stellte Caterpillar den vollständig überarbeiteten 988B vor, der nun von einem 375 PS leistenden V8-Dieselmotor angetrieben wurde und im Gegensatz zu seinem Vorgängermodell mit Z-Kinematik zur Steigerung der Losbrechkräfte der 5,4 m³ fassenden Schaufel ausgerüstet war. Rechts: Die schwedische Firma Kockums stellte die mit einem starren Rahmen ausgerüsteten Muldenkipper K 425 mit einer Nutzlast von 25 t und K 435 mit einer Nutzlast von 38 t bei einer Motorleistung von 456 PS vor; weiterhin zu sehen war der K 412 mit einer Nutzlast von 16 t, dessen Hauptmerkmale die Knicklenkung und der Allradantrieb waren; weiter im Hintergrund sind einige Broyt Hydraulikbagger zu erkennen, unter anderem auch der erste Bagger dieser Firma überhaupt

Im Mittelpunkt des Ausstellungsstandes von Fiat-Allis, einem Hersteller, der Anfang 1974 aus dem Zusammenschluss der Baumaschinen-Aktivitäten der Firmen Allis-Chalmers aus den USA und Fiat aus Italien hervorgegangen war, war die neue Planierraupe Modell 31 mit einem Transportgewicht von etwa 41 t; ausgerüstet mit Planierschild und Aufreißer betrug das Arbeitsgewicht fast 60 t; der Cummins Dieselmotor mit einem Hubraum von 18,9 l leistete 446 PS; diese Raupe schloss eine zuvor vorhandene Lücke im Bauprogramm dieses Herstellers unterhalb der großen 41-B mit 550 PS, die bekanntlich der Nachfolgerin der hier bereits vorgestellten HD-41 war

Der nicht nur vom äußeren Erscheinungsbild, sondern auch unter technischen Gesichtspunkten wesentlich besser gelungene neue Poclain 1000CK Hydraulikbagger trat auf der Expomat 1978 die Nachfolge des nicht sehr erfolgreichen EC 1000 an; er bewährte sich in einer Vielzahl von Tagebaubetrieben und auf großen Erd- und Felsbaustellen als ein wirtschaftliches Ladegerät; seine im Gegensatz zu seinem Vorgänger als Klappschaufel ausgebildete Ladeschaufel besaß einen Inhalt von 8,3 m³, angetrieben wurde er durch 2 luftgekühlte Deutz Dieselmotoren mit je 411 PS, das Betriebsgewicht belief sich auf 170 t

Die Weserhütte zeigte den im Gegensatz zu den von dieser Firma ebenfalls produzierten konventionellen, rein mechanisch angetriebenen Seilbaggern den vollhydraulisch angetriebenen Raupenbagger bzw. Raupenkran SW 530, der mit einem bis zu 75 m langen Gittermastausleger ausgerüstet werden konnte; als Kran kam er bei einem Dienstgewicht von 192 t auf eine Traglast von bis zu 180 t, als Bagger war er hauptsächlich vorgesehen für Nassbaggereinsätze mit Zweischalengreifer oder Schleppkübel und ermöglichte bei einem ähnlichen Einsatzgewicht Grabgefäßinhalte von bis zu 6,1 m³; sein Antriebsaggregat lieferte 563 PS

Der Wabco 85C Muldenkipper besaß eine Nutzlast von 85 t und wurde wahlweise von einem Cummins Motor mit 858 PS oder einem GM Motor mit 818 PS angetrieben; seine Höchstgeschwindigkeit betrug 65 km/h; der ausgestellte Muldenkipper war für einen großen Steinbruch in Belgien bestimmt; man beachte als Größenvergleich die im Bereich des Vorderrads befindlichen Personen

Die berühmte D10 von Caterpillar war im Spätsommer des Jahres 1977 nach einer Entwicklungszeit von 7 Jahren der Weltöffentlichkeit vorgestellt worden; mit der Leistung ihres Caterpillar Dieselmotors von 700 PS und einem Betriebsgewicht, ausgerüstet mit Schild und Aufreißer, von 86 t übernahm sie den Titel der weltgrößten Planierraupe; das wirklich neue an ihr waren die nach oben versetzten Antriebsräder und das hierdurch entstehende dreieckförmige Laufwerk; hierdurch wurden im Vergleich zu der bisher üblichen Bauweise des Raupenfahrwerks der Verschleiß durch Schmutzeinwirkung erheblich reduziert und damit die Lebensdauer aller Antriebskomponenten erhöht; neu waren auch die elastischen Laufrollen, die durch Aufnahme der Bodenunebenheiten die Bodenhaftung der Ketten und damit die Zugkraft steigerten; diese Ideen, neben weiteren Neuerungen; erwiesen sich als voller Erfolg und wurden nach und nach für alle kleineren Caterpillar Raupen übernommen

Links: **So spektakulär, wie die 70er Jahre mit der Vorstellung des O&K RH 60 Hydraulikbaggers in Hannover begonnen hatten, so endeten sie 10 Jahre später mit der Präsentation des RH 300 auf der Bauma 1980, nachdem der Prototyp bereits im Oktober 1979 auf einer Hausausstellung in Dortmund einem Kreis von geladenen Gästen in den Farben des englischen Tagebaubetreibers NSM vorgestellt worden war; er stellte zweifellos einen Meilenstein in der Größenentwicklung der Hydraulikbagger dar, besaß er doch bei einem Betriebsgewicht von 430 t einen Klappschaufelinhalt von 22 m³, 2 Cummins Dieselmotoren sorgten für eine kombinierte Motorleistung von 2352 PS; das auf der Bauma ausgestellte Gerät allerdings gelangte nie in den Einsatz, sondern endete als Ersatzteilträger; demgegenüber arbeitete der dritte und gleichzeitig auch letzte gebaute Bagger dieses Typs mit einem Schaufelinhalt von 26 m³ und einem Dienstgewicht von etwa 500 t, ausgerüstet mit elektrischem Antrieb, ab 1987 in einem Tagebau in Südamerika.** Rechts: **Der Demag H241, der von einem GM Dieselmotor mit 1340 PS angetrieben wurde, war bei seiner Vorstellung im Jahr 1978 mit seinem Arbeitsgewicht von 240 t und seines Schaufelvolumens von 14 m³ bei weitem weltweit der größte Hydraulikbagger; den Poclain 1000CK als den nächst kleineren Bagger stellte er klar in den Schatten, und gegenüber dem Demag H111 bedeutete seine Einführung sogar einen Sprung um mehr als das Doppelte an Dienstgewicht; als erster Hydraulikbagger überhaupt schaffte er es, die bisher unangefochtene Führungsrolle großer Hochlöffelseilbagger zum Beladen der seinerzeit im Tagebau gebräuchlichen Muldenkipper mit einer Nutzlast von etwa 150 t in Frage zu stellen; über die nächsten Jahre sollten weltweit mehr als 90 Bagger dieses Typs verkauft werden, bis er schließlich 1986 durch den H285 ersetzt wurde; auf der Bauma 1980 wurde der H241 hinsichtlich seiner Größe allerdings noch bei weitem von dem O&K RH 300 übertroffen, dessen Verkaufserfolge aber leider mit seiner Größe nicht mithalten konnten**

Norwegischer Radladereinsatz

von Heinz Herbert Cohrs

Viele bemerkenswerte Entwicklungen für Baumaschinen stammen aus Skandinavien, zum Beispiel Schnellwechsler und Tiltrotatoren, zudem aus Traktoren entstandene Radlader und Muldenkipper. Richtungsweisend könnte es auch sein, wie flexibel und vielseitig derzeit Radlader im norwegischen Straßendienst verwendet werden.

Im Bezirk Laerdal in Mittelnorwegen übernimmt ein 15-t-Radlader Volvo L70F mit ausgeklügelten Anbauausrüstungen den Straßendienst zu allen Jahreszeiten im Alleingang. Der Radlader wird am Sognefjord bei Laerdal, Aurland, Flåm und Årdal eingesetzt, sogar bis hinauf zu den Pässen der E 16 und der Landesstraße 52 in 1300 m Höhe, über die der schwere Lastwagenverkehr von und nach Bergen und Mittelnorwegen rollt. Dort liegt meist noch bis in die Sommermonate Schnee.

Der Volvo-Radlader wird – wie auch etliche andere – im Auftrag des Statens Vegvesen von der Mesta A.S. eingesetzt. Statens Vegvesen ist das staatliche Verkehrsamt Norwegens, dem die Verantwortung für Bau und Unterhaltung der endlosen Straßen obliegt. Das beinhaltet auch die Pflege und Freihaltung der zahlreichen Paßstraßen, die trotz der vielen, oft kilometerlangen Tunnelpassagen für den Fernverkehr unverzichtbar bleiben.

Die unternehmerische Tätigkeit des Statens Vegvesen wurde 2003 in die neu gegründete Mesta A. S. ausgelagert. Die im Staatsbesitz befindliche Mesta A.

Auf den ersten Blick könnte ein Fahrzeug auf der falschen Spur entgegenkommen, auf den zweiten Blick scheint es ein Pannendienst-Lkw zu sein, der mit eingeschalteten Warnleuchten einen defekten Transporter „abschleppt“. Beim näheren Heranrücken entpuppen sich aber alle Vermutungen als falsch...

Wer solch ein Gespann bei einer Norwegenreise vor sich fahren sieht, sollte sich nicht wundern: Es ist ein Volvo-Radlader, der wie hier mit Mähwerk oder aber mit diversen anderen Spezialausrüstungen zu einem weit entfernten Einsatzort unterwegs ist. Fahrer, Radlader und angehängter Transporter bilden ein völlig autarkes Team

An beliebiger Stelle, beispielsweise in einer Haltebucht, wird angehalten und der Transporter vom Tieflader gefahren. Der Anhänger wird irgendwo abgestellt, wo er nicht stört, ebenso abends der Radlader, und ein oder zwei Tage später wird wieder aufgeladen und der nächste Einsatzort angesteuert

S. mit Hauptquartier in Lysaker bei Oslo ist Norwegens größtes Straßenbau- und Straßendienstunternehmen und besitzt reichhaltige Erfahrungen im Einsatz von Baumaschinen aller Art.

Schließlich wurde Statens Vegvesen bereits 1846 ins Leben gerufen, zuvor oblagen Bau und Unterhaltung öffentlicher Straßen dem Justizministerium. Erster Leiter des Statens Vegvesen war Captain Finne, ein Ingenieur. 1864 wurde das „Direktorat für Öffentliche Straßen“ geschaffen, aus dem Statens Vegvesen hervorging.

Anhänger mit ideenreicher Last

Die ungewöhnlichste „Ausrüstung“ des Volvo L70F dürfte wohl ein Anhänger sein, dessen tiefe Deichsel eigentlich für Pkw vorgesehen ist und deshalb einen speziellen Kupplungsadapter für den Radlader erhielt. Auf diesem Anhänger zieht der Radlader einen VW-Transporter, durch den der Fahrer in der weiten Einsamkeit der Bergwelt und Paßstraßen völlig autark ist.

In dem speziell ausgestatteten VW-Transporter sind unter anderem eine Bordwerkstatt und ein großer Tank mit Dieselkraftstoff untergebracht. Auf diese Weise wird der Radlader jederzeit und überall betankt, ohne in freier Natur Tankstellen oder Tankfahrzeuge zu benötigen. Durch diesen Kniff werden etliche Fahrten schwerer Tankwagen-Lkw eingespart, somit auch viel Kraftstoff.

Der Transporter erfüllt einen weiteren wichtigen Zweck: Der Fahrer kehrt mit ihm abends nach Feierabend über große Distanzen wesentlich schneller als mit dem Radlader in seinen Heimatort zurück, was zudem ebenfalls beträchtliche Kraftstoffmengen einspart. Eine solche Fahrt im flotten Transporter kann bei weit entfernten Einsätzen dennoch bis zu zwei Stunden dauern.

Mit dem Transporter wird morgens natürlich auch wieder zum Radlader gefahren und, sofern erforderlich, Kraftstoff mitgebracht. Ändert der Radlader seinen Einsatzbezirk, wird der Anhänger an's Heck gekuppelt, der Transporter verladen, und ab geht die

Der VW-Transporter, den der Radlader auf dem Anhänger mit sich zieht, enthält nicht nur eine kleine Bordwerkstatt, sondern auch einen Tank für Dieselkraftstoff. So kann der Radlader überall sofort betankt werden, ohne auf Tankstellen oder Tankfahrzeuge angewiesen zu sein. Morgens bei der Anfahrt bringt der Transporter dann wie ein kleiner Tankwagen neuen Kraftstoff zum Einsatzort

Das leistungsstarke, 1,8 t schwere Mähwerk, das der Volvo L70F am Schnellwechsler trägt, wird von einem separaten Motor angetrieben. Im Mähkorb rotieren zwei Ketten mit immenser Drehzahl von über 30 Umdrehungen pro Sekunde! So werden Gras, Gestrüpp und Äste nicht nur gemäht, sondern zugleich auch umweltfreundlich in kleinste Bestandteile zur Humusbildung zerteilt

Am langen Seitenarm ist das Mähwerk äußerst beweglich und kann sowohl dicht neben dem Radlader als auch bei größerer Ausladung bis zu 8,3 m entfernt arbeiten, zudem unterhalb der Fahrbahn oder auch weit oben an Abhängen. Der von hinten mit bis zu 80 km/h Tempo herannahende Verkehr wird mit riesigen Blinkleuchten am Heck und Rundumleuchten auf dem Dach gewarnt, besonders wichtig gerade dann, wenn der Lader hinter engen Kurven arbeitet

Die zwei Ketten, die an der Unterseite des Mähwerkes mit hoher Drehzahl von fast 2000 U/min rotieren, entfernen auch Äste und Gestrüpp in Sekunden. Sind Kettenglieder verschlissen oder beschädigt, können aus dem Scheibeninneren des Mähwerkes bis zu 1 m „Kettenvorrat" herausgezogen werden

Fahrt. Dank des drehmomentstarken Motors erklimmt das Gespann lange Steigungen und Serpentinen zügig und hält den Verkehr kaum auf.

Ungewöhnliche Ausrüstungsvielfalt

Breit ist die Palette der Ausrüstungen, mit denen der Radlader zu allen Jahreszeiten, im Sommer wie im Winter, auf den endlosen Straßen unterwegs ist: Mähwerk, Hubbühne, Vibrationsramme, Schneefräse, Eiszapfenkratzer, GPS-Navigation – es gibt fast nichts, was der Radlader nicht mit seinen vielfältigen Ausrüstungen erledigen könnte.

Das allein schon 1,85 t wiegende Mähwerk, das anstelle der Schaufel an den Schnellwechsler des Radladers montiert wird, ist so leistungsfähig, dass es einen eigenen 175-PS-Dieselmotor mitsamt Hydraulikaggregat besitzt. Durch einen weit reichenden, sehr beweglichen Seitenausleger kann das Mähwerk in bis zu 8,3 m Distanz neben dem Radlader arbeiten, aber auch weit oben an Abhängen oder tief unter dem Straßenniveau.

Mit der ebenfalls anstelle der Schaufel am Schnellwechsler befindlichen Hubbühne werden vornehmlich die vielen Tunneleingänge und -gewölbe inspiziert. Tunnel, häufig mehr als 5 oder gar 10 km lang, gehören in diesem Teil Norwegens zum vertrauten Verkehrsalltag. Im Bezirk des Radladers befindet sich im Verlauf der E16 auch der längste Straßentunnel der Welt, der 24,5 km lange Laerdal-Tunnel.

Da sich an Tunneleingängen und an feuchten Sickerstellen im Tunnel leicht lange Eiszapfen oder gar Eisvorhänge bilden, gibt's auch hier eine geeignete Ausrüstung für den Radlader. Besonders nach Tauwetter im Herbst und Frühjahr, wenn Nachtfrost das Tropfwasser erneut gefrieren lässt, ist der Rad-

Das große, robuste Mähwerk Craft 601 des schwedischen Herstellers Slagkraft wiegt als Ausrüstung allein 1,85 t und wird von einem separaten 175-PS-Dieselmotor samt Hydraulikaggregat angetrieben. Mit den beiden gelben Stangen (vor dem Antriebsblock) werden Mähwerk und Ausleger während der Transportfahrten fixiert

Der Arm für das Mähwerk ist viel gelenkiger als ein Baggerausleger oder der Kranarm eines Lkw-Ladekranes. Da das Mähwerk für neue, tiefere oder höhere Schnitte oft neu angesetzt und dazu rückwärts gefahren werden muss, verfügt der Lader über eine Rückfahrkamera (zwischen den Rückfahrscheinwerfern, über dem Warnbalken)

Radladerfahrer Tore Kvåle ist in der norwegischen Einsamkeit gänzlich auf sich allein gestellt, doch gerade das hat seinen Reiz: „Ich liebe die Natur hier und die weite Sicht auf unser schönes Land. Aber wichtig ist es auch, dass ich mich auf die Technik verlassen kann“

Der Radlader ist tagtäglich mehr als ausgelastet: Wird während der schneefreien Monate nicht gemäht, fungiert der Lader als mobile Hubbühne zum Inspizieren der zahllosen Tunnelein- und -ausgänge. Weil die Tunnel oft keine geschützten Portale haben, müssen Bewuchs sowie lockeres und herabgefallenes Gestein entfernt werden

Beim Einsatz der Hubbühne lässt sich der Bildschirm der Rückfahrkamera im Fahrerhaus des Radladers flexibel nutzen: Am Geländer der Hubbühne ist eine schwenkbare, robuste Kamera montiert, die dem Fahrer aus Sicherheitsgründen ein Weitwinkelbild des gesamten Bühnenbereiches zeigt

lader nun eilig unterwegs. Für das Entfernen der Eiszapfen ist in der Schaufel ein langer Arm mit einem stabilen Eisschaber angeordnet.

Auch im tiefen Winter ist der Radlader keineswegs arbeitslos, sondern tagein, tagaus mit einer großen Schneefräse, ebenfalls mit Eigenantrieb, fleißig. Oft ist der Straßenverlauf unter den meterhohen Schneemassen nicht mehr erkennbar. Früher dienten deshalb Schneestangen zur Markierung des Straßenverlaufes, doch brachen die ab, waren bei starken Schneefällen nicht hoch genug und bei Schneetreiben, dichten Wolken und in der früh einbrechenden Dunkelheit nur schwer zu erkennen.

Unterwegs mit Kamera, Laptop und GPS

Heute hingegen arbeitet der Radlader beim Schneefräsen mit modernster GPS-Unterstützung. Neben dem Lenkrad wird jetzt ein Laptop montiert, das den einprogrammierten Straßenverlauf unter den bis zu 12 m (!) mächtigen Schneeverwehungen der Paßstraßen zentimetergenau anzeigt, ebenso dank GPS-Navigation die momentane Position des Radladers.

Damit der Radlader die meist gewundenen Bergstraßen so präzise wie möglich abfahren und von Schnee befreien kann, werden die Vorzüge von Differential-GPS (DGPS) genutzt. Dabei wird die Genauigkeit durch das Hinzuziehen einer stationären Referenzstation beträchtlich gesteigert.

Eine solche Referenzstation, die in einem Spezialkoffer im Radlader mitgeführt und vom Laderfahrer an geeigneten Stellen aufgebaut wird,

Wie groß die Hubarbeitsbühne vorne am Radlader tatsächlich ist, zeigt sich erst im abgesenkten Zustand. Wie die anderen Ausrüstungen, so wird auch die Hubbühne im Handumdrehen am stabilen Schnellwechsler des Radladers angesetzt oder auch wieder abgestellt

ermöglicht genauere dreidimensionale Koordinatenbestimmungen als mit nur drei Satelliten beim üblichen GPS. Der Computer des DGPS-Empfängers im Radlader kann auf der Grundlage von vier Satellitensignalen die exakten dreidimensionalen Raumkoordinaten mit einer Präzision von nur +/- 1 cm ermitteln und anzeigen.

Neben Kamera und GPS verfügt der Radlader über Funk, Zentralschmierung und zwei große Rohre über dem hinteren rechten Schutzblech. In diesen Rohren werden patent zusammengeklappte Warnschilder und mehrere Warnleuchten mitgeführt. Zudem verhindert eine Hubgerüstdämpfung das Aufschaukeln des Radladers bei schneller Fahrt mit schweren Anbauausrüstungen.

Da mit dem Mähwerk an Felsen, steilen Abhängen und in Kurven oft rückwärts gefahren werden muss, kann der Fahrer den Heckbereich mittels Rückfahrkamera und Bildschirm überwachen. Bei angebauter Hubarbeitsbühne wird der Bildschirm umgeschaltet und zeigt nun den gesamten Bühnenbereich, der von einer Weitwinkelkamera auf dem Bühnengeländer gefilmt wird. Dies ist aus Sicherheitsgründen unerlässlich, fährt der Radlader doch oft langsam mit Arbeitern, die oben auf der Bühne stehen.

Viele weitere Arbeiten sind in den Sommermonaten zu erledigen. Anstelle von Mähwerk oder Hubbühne wird nun eine hydraulisch betriebene, kompakte Vibrationsramme an den Schnellwechsler montiert, mit der Pfähle für Leitplanken in den Boden getrieben werden können. Der Mäkler lässt sich seitlich hydraulisch ausschieben, um neben der Straße zu rammen

Traumjob in der Einsamkeit

Der Fahrer des Radladers, Tore Kvåle aus dem kleinen Fjordstädtchen Årdalstangen, ist es gewohnt, tagein, tagaus und jahrein, jahraus in der rauen Wildnis irgendwo völlig auf sich allein gestellt zu arbeiten. Er

Wie im Sommer, so reisen die Volvo-Radlader auch im Winter als autarkes Team mit angehängtem Transporter zu den weit voneinander entfernten Einsatzorten. Hier trägt der Radlader eine tonnenschwere Schneefräse am Schnellwechsler, auf der oben die Halterung für die GPS-Antenne zu erkennen ist

In den Wintermonaten, besonders aber nach Tauwetter im Herbst und Frühjahr bilden sich oft gefährlich lange Eiszapfen und -vorhänge im Eingang der vielen Tunnelstrecken. Zum schnellen und sicheren Entfernen der Eiszapfen wird in der Schaufel ein langer Arm mit einem stabilen Eisschaber montiert

Dort, wo Eiszapfen am Tunnelgewölbe hängen, tropft Schmelzwasser auf die Fahrbahn herab und gefriert oft wieder. Deshalb wird zusätzlich zum Eisschaber an der Vorderseite der Schaufel eine Spezialschneide befestigt, die auf der Fahrbahn Eisschichten lösen kann

Schön kann es sein, beim beruhigenden Summen des Fräsen- und Radladermotors im mollig warmen Fahrerhaus zu sitzen und bei blauem Himmel und strahlendem Schnee nicht allzu stark verschneite Fernstraßen zu räumen, auf denen bislang nur Schneemobile und Skilangläufer unterwegs waren. Doch nicht immer sind die Räumarbeiten so idyllisch...

freute sich, mir alles zu zeigen und zu erklären, nahm sich als freier Mensch in freier Natur viel, viel Zeit für den interessierten Besucher aus Deutschland und erzählte: „Ich liebe die Natur hier und die weite Sicht auf unser schönes Land. Aber wichtig ist es auch, dass ich mich auf die Technik verlassen kann."

Schließlich bilden Fahrer, Radlader und Transporter ein absolut eigenständiges Team, das oft mehr als 40 oder 50 km vom nächsten Haus oder Ort entfernt ist. Bei überraschenden Ausfällen wären Reparaturarbeiten keineswegs sofort und überall durchführbar. Zudem wäre der Straßendienst erheblich beeinträchtigt, unter ungünstigen Umständen würde sogar der Verkehr behindert.

Oft rollt das bemerkenswerte Gespann, also Radlader, Anbaugerät, Anhänger und Transporter, über enge Serpentinen, durch Tunnel, nimmt Haarnadelkurven, erklimmt steile Paßstraßen. Tore Kvåle hat seine Erfahrungen: „Mein Gespann ist sehr steigfreudig, auch mit schweren Ausrüstungen und angehängtem Transporter. Es macht wirklich Spaß, damit unterwegs zu sein, und ich könnte mir keine andere Arbeit als diese wünschen. Es ist ein Traumjob!"

...denn ganz anders gestaltet sich das Räumen im dichten Schneetreiben bei nur wenigen Metern Sicht. Rau ist dann die Arbeit: Bei starkem Frost und oftmals heftigen Schneestürmen müssen die für den Lkw-Verkehr so wichtigen Paßstraßen freigehalten werden. Funk, Heizung und zuverlässige Technik sind nun überlebenswichtig

Gewaltig sind die Schneehöhen, durch die sich der Radlader seine Bahn fräsen muss. Wie in einem tiefen Kanal stehend, veranschaulicht der Radlader mit angehobener Fräse im Hintergrund die Wandhöhen. Da der Schnee fest gepackt ist, muss nicht befürchtet werden, dass Schnee aus den hohen Wänden herausbrechen könnte

Bis zu 4 m Schneehöhe trägt der Radlader (hier das Vorgängermodell Volvo L70C) mit der leistungsfähigen Schneefräse im Alleingang ab, also ohne Unterstützung einer oben auf der Schneedecke vorausfahrenden Raupenfräse. Das zügige Abtragen derartiger Schneewände verlangt großes Können und viel Erfahrung

Auf einem im Kasten geschützten Laptop rechts neben dem Lenkrad wird der einprogrammierte Verlauf der zu räumenden Paßstraßen präzise angezeigt. Dank GPS-Navigation kann der Fahrer die augenblickliche Position des Volvo-Radladers auf der Straße jederzeit bis auf 1 cm genau erkennen und die Schneefräse so exakt am Straßenrand entlang führen

Sofern der Straßenverlauf unter dem Schnee nicht mehr erkennbar ist und daher die GPS-Nutzung erforderlich wird, errichtet der Radladerfahrer an geeigneter Stelle eine Referenzstation. Die Ausrüstung dazu ist in einem robustem Koffer untergebracht, die ebenfalls im Radlader mitgeführt wird

In den bis zu 12 m hohen Schneeverwehungen der Paßstraßen arbeitet der Radlader im Team mit einer Schneefräse auf Raupenfahrwerken, die den Schnee hier gerade hangaufwärts schleudert. Die Raupenfräse fährt aufgrund ihres niedrigen Bodendruckes zunächst „oben“ voraus, anschließend folgt „unten“ zum endgültigen Freiräumen der Straße der Radlader mit seiner Schneefräse

Im Teamwork kämpfen sich Raupenfräse und Radlader Meter um Meter über die endlos weit wirkenden Straßen der norwegischen Hochebene. Gut ersichtlich sind hier die verschiedenen Fräsbahnen und –höhen der vorausfahrenden Großfräse auf Raupenfahrwerken

Oft ist vom Straßenverlauf, der ja im Gebirge meist gewunden und kurvenreich ist und dicht entlang tiefer Abgründe verläuft, nichts mehr zu sehen. Die links zu erkennenden langen Markierungsstangen werden jedoch nicht mehr benötigt, da Radlader und Raupenfräse dank GPS dem Straßenverlauf präzise folgen können

Manchmal fahren die Raupenfräse und der fräsende Radlader nicht hintereinander, sondern bewegen sich aufeinander zu, um die Straße wirksamer und schneller zu räumen. Dann nähert sich in der Schneewüste im Schneckentempo nur ein kleiner dunkler Punkt, der hauptsächlich durch seinen hohen Schneestrahl zu lokalisieren ist

Treffen in weißer Unendlichkeit: Wenn sich die Raupenfräse und der Radlader stundenlang durch die Schneemassen gewühlt haben, kommt irgendwann der Augenblick, an dem sich beide Maschinen gegenüberstehen. Manchmal wird ein solches Treffen für eine kleine Feier genutzt, denn immerhin ist an dieser Stelle der Durchbruch geschafft!

Meist geht es in der grandiosen Weite der norwegischen Winterwelt sehr einsam zu, und sofern der Fahrer in einer kurzen Pause mal aussteigt, wird ihm ziemlich schnell bewusst, wie allein er hier oben tatsächlich ist. In solchen Momenten wird das Radlader-Fahrerhaus zur warmen und urgemütlichen Wohnstätte, in die man wie in die vertraute Heimat gerne zurückkehrt

Kaum sind im Frühjahr die Paßstraßen geräumt, spriessen unten in den Tälern und an den Fjordsäumen schon wieder Gras und Büsche. Unermüdlich macht sich das flinke Radladerteam nun wieder Tag für Tag auf den Weg, um die vielen Arbeiten anzupacken, die in der warmen Jahreszeit anfallen. Wir wünschen allzeit gute Fahrt!

Schaufelradwechsel an Bagger 287

von Wolfgang Weinbach

In der aus technischer Sicht äußerst schnelllebigen heutigen Zeit werden in Deutschland oftmals Maschinen nur über kurze Zeiträume beim ursprünglichen Auftraggeber beziehungsweise Besitzer betrieben. Modernere Techniken, insbesondere was die Ansteuerung betrifft, lassen die Geräte schon recht bald „alt aussehen". Folge ist mitunter, dass solche Anlagen, sei es nun ein einstmals moderner Autokran oder gar eine ganze Pressenstraße in der Automobilindustrie, nur noch geleast und schon nach wenigen Einsatzjahren wieder abgestoßen werden. Etwas Neues und nach Möglichkeit noch Leistungsfähigeres steht dann auf der Einkaufsliste der Unternehmen.

Es gibt allerdings auch Maschinen, die sollten, geht es nach den Auftraggebern, möglichst „ein Leben lang halten" und entsprechend zuverlässig zum wirtschaftlichen Wachstum des Unternehmens beitragen. Zu diesen Maschinen sind zweifelsohne die riesigen Abbaugeräte im rheinischen Braunkohlerevier zu zählen. Ein solches Großgerät kann zum Einen aufgrund seiner Dimensionen nicht so ohne weiteres weiterverkauft werden und der Bau eines neuen Gerätes würde neben einer Unmenge an Investition auch rund zwei Jahre Bauzeit benötigen. So arbeiten insbesondere die gewaltigen Schaufelradbagger teilweise seit mehreren Jahrzehnten und haben seither reichlich Erdreich (Abraum) auf links gedreht. Richtig bezahlt gemacht haben sich die enormen Anschaffungskosten dann erst, wenn man in Tiefen von bis zu 450 m die begehrte Braunkohle findet, die es gilt, in Massen ans Tageslicht zu fördern.

Man kommt dann betreiberseitig nicht umhin, diese Tagebaugeräte in ihrem Einsatzleben gelegentlich einer Frischzellenkur zu unterziehen. Neben

Bagger 287 arbeitete seit seiner Indienststellung im Jahr 1976 in Tag- und Nachtarbeit mit seinen 18 Schaufeln rund um die Uhr. Die theoretische Tagesleistung beträgt dabei 200.000 m³ (Bild: RWE Power)

gewissen hardwaremäßigen Verschleißteilen sind da insbesondere steuerungstechnische Modernisierungen, wie speicherprogrammierbare Steuerungen (SPS) oder satellitengestützte Abbauprogramme für die gefräßigen Schaufelräder zu erwähnen.

Eine ganz andere Überholung stand dagegen im Sommer 2009 für einen dieser Schaufelradbagger im Tagebau Hambach der RWE Power AG an. Bagger 287 hatte sich seit seiner Indienststellung im Jahre 1976 bestimmt bezahlt gemacht, gewisse Alterserscheinungen jedoch galt es nunmehr zu beheben. Mit seinen Ausmaßen von 95 Meter Höhe, 225 Meter Länge und einem Eigengewicht von 14.000 Tonnen verfügte der Bagger auch über ein nicht zu übersehendes Grabwerkzeug. Eben an diesem Schaufelrad hatte jedoch der Zahn der Zeit genagt. Waren die 18 geräumigen Schaufeln von jeweils 5,1 m^3 Aufnahmefähigkeit in der Vergangenheit auch schon das eine oder andere Mal erneuert worden, so hatten die Instandsetzungsfachleute nunmehr weitaus umfangreichere Renovierungen für erforderlich gehalten.

Da man ja im Tagebau Hambach in unmittelbarer Nähe der rheinischen Metropole Köln nach dem braunen Gold gräbt, soll an dieser Stelle für die bevorstehenden Arbeiten an dem Baggergebiss ein „kölsches“ Lied herangezogen werden.

Frei nach einer Zeile aus einem Hit (Indianer Kriesche Nit = Indianer weinen nicht) der Kölner Mundartband „Bläck Fööss“ (blanke Füße) war man seitens der Fachleute von RWE Power zu folgendem Schluss gekommen: „Hä saht: Ding Zäng sin prima, doch et Zahnfleisch muß erus“. Dies bedeutete für Bagger 287 soviel wie: Er sagt, Deine Zähne sind prima, doch das Zahnfleisch muss heraus. In diesem Fall war das 21,6 m im Durchmesser messende Zahnfleisch / Schaufelrad selbst erneuerungsbedürftig und musste aufgrund Materialverschleißes komplett ausgetauscht werden. Eine solche Radikaloperation hatte es bislang an einem so großen Schaufelradbagger noch nicht gegeben. Das gewaltige Stahlteil besaß, nachdem man ihm bereits im Vorfeld die 18 Zähne (Schaufeln) gezogen hatte, immerhin noch ein Gewicht von rund 155 t.

Bagger 287 gehörte im Übrigen in der Mitte der 1970er Jahren zu den ersten Geräten der 200.000er-Klasse. Diese Leistungsangabe besagt, dass eine theoretische Tagesleistung von 200.000 m^3 Fördermenge, abhängig von der Bodenbeschaffenheit, möglich war. Zusammen mit den inzwischen noch leistungsstärkeren (nicht größeren) Geräten der 240.000er-Klasse gehört Nr. 287 damit zu den größten Baggern der Welt.

Die Mannschaft einer Arbeitsschicht besteht bei dem 14.000 t schweren Schaufelradbagger aus vier Personen (Bild: RWE Power)

Der Schwerlastraupe sieht man nicht unbedingt an, dass sie aus der Mitte der 1970er Jahre stammt. Einstmals hat Krupp Industrie- und Stahlbau in Duisburg-Rheinhausen den Kraftprotz gefertigt. Allerdings erhielt das damals 200 t schwere Gerät inzwischen eine neue SPS-Steuerung und diverse Hardware-Anpassungen beziehungsweise Verstärkungen, welche das Gewicht auf nunmehr 228 t ansteigen ließen

Um an das eigentliche Schaufelrad zu gelangen, waren im Vorfeld weitere Großkomponenten zu entfernen. Hierzu zählte das 58 t Schaufelradgetriebe mit Drehmomentstütze sowie diverse Einhausungen und Antriebsmotoren

Stärkster Autokran war ein LTM 1500 für max. 500 t Traglast

Von diesen Anschlagtraversen wurden bei der Schaufelraddemontage drei Stück benötigt. Hier wird die Letzte gerade für die Anbringung des Nachführkrans von einem kräftigen Tagebau-Hilfsgerät abgeholt

In den drei noch aktiven rheinischen Tagebauen Hambach, Garzweiler und Inden sind derzeit noch folgende Großbagger (Kapazität in m³/Tag) im Einsatz

Hambach:	5 x 240.000
	1 x 200.000
	2 x 110.000
Garzweiler:	1 x 240.000
	1 x 200.000
	4 x 110.000
	1 x 60.000
Inden:	3 x 110.000
	1 x 80.000

Eine vergleichbare Anzahl von sogenannten Absetzern, die mit ihren entsprechenden Kapazitäten von 30.000 bis 240.000 m³/Tag den über der Kohle abgebaggerten Abraum an bereits ausgekohlter Stelle im Tagebau wieder verfüllen, ist gleichfalls rund im die Uhr im Einsatz.

Was die im Jahre 2009 an Bagger 287 nach über 30 Dienstjahren durchgeführte Großreparatur betraf, so umfasste diese ein Investitionsvolumen von immerhin 10 Millionen Euro. Hierbei wurden allerdings neben dem Schaufelrad auch diverse Elektromotoren, Getriebe und Kettenglieder des Raupenfahrwerks erneuert.

Im Juni 2009 wurde Bagger 287 also aus dem „Tagesgeschäft" ausgekoppelt und zunächst auf einem speziellen Reinigungsplatz einer Grundreinigung unterzogen. Anschließend ging es dann in gewohnt gemächlicher Fahrt mit bis zu 10 m/min zum eigens eingerichteten Reparaturplatz auf der obersten Sohle.

Dort wurde der heckseitige Ballastausleger zunächst mit Stützträgern unterbaut um für die bevorstehende Demontage der schwergewichtigen Getriebe, Bandanlagen und schließlich des Schaufelrades am Schaufelradausleger den Momentenausgleich zu schaffen. Die komplette Umbauplanung bis zur Fertigung und Montage des neuen Schaufelrades lag dabei in Verantwortung von RWE Power. Das rund drei Millionen Euro teure Schaufelrad, das dem alten in Dimension und Gewicht in nichts nachstand, wurde dabei vom Technikzentrum der RWE Power in Grefrath in Einzelkomponenten angefertigt und am Reparaturplatz von Bagger 287 komplettiert.

Am 20. Juli 2009 schließlich war es soweit. Das altgediente Eisen konnte unter Zuhilfenahme mehrerer schwerer Automobilkrane demontiert werden. Diese Aufgabe fiel dabei der Firma Breuer & Wasel zu, die für sämtliche Kranarbeiten in den Tagebauen Hauptansprechpartner der RWE Power ist. Der Schwerlastspezialist hat auch vor einigen Jahren sämtliche ursprünglich betriebseigenen Fahrzeugkrane der RWE Power in den Tagebauen übernommen und führte seitdem die anfallenden Hubarbeiten durch.

Für das eigentliche Ausheben der 155 t schweren „Altlast" hatte man am Baggerausleger zwei Liebherr Teleskopkrane aufgebaut. Ein 500 t-Teleskopkran LTM 1500-8.1 und ein LTM 1400-7.1 (400 t Traglast) hatten die Hauptarbeit zu leisten. Da das Schau-

Die Großbaustelle „Bagger 287" hatte man mit Flatterband weiträumig abgesperrt, so dass die zahlreichen Fotografen und Kamerateams nicht in den „Gefahrenbereich" gelangen konnten

Die beiden Großkrane, links der 500-Tonner und rechts ein 400 t-Liebherr-Gerät, hatten die Last bereits sicher in den Seilen

felrad abseits der Baustelle verschrottet werden sollte, musste es für den kurzen Transportweg niedergelegt werden. Hierbei kam als Nachführkran ein 350 t-Telekran von Terex Demag vom Typ AC 350 zum Einsatz. Für jeden der drei Krane galt es dabei eine eigens konstruierte Anschlagtraverse am Schaufelrad zu montieren.

War das Ausheben der Last problemlos vonstatten gegangen, so gab es während des eigentlichen Niederlegens des Rads noch einen wohl nicht eingeplanten Augenblick der Anspannung zu überstehen. So schlug der Schäkel an der Lastanbringung für den Nachführkran während des Hubes unverhofft zu einer Seite der Anschlagstelle aus. Dies gab einen gehörigen Ruck im System und der Ausleger des AC 350 zeigte den sogenannten Peitscheneffekt beim Einfallen der Last. Der Ausleger jedenfalls wippte deutlich sichtbar und auch der Oberwagenballast arbeitete hörbar. Nach wenigen Sekunden hatte sich der Vorgang jedoch beruhigt und die Last konnte vollends in die Horizontale abgelassen werden.

Nun war die Stunde des außergewöhnlichen Transportmittels gekommen, mit dem das Schwergut zur nahegelegenen Verschrottungsstelle geschafft werden sollte. Hier kam eine eigens für den Tagebaubetrieb entwickelte Transportraupe zum Einsatz, die in den 1970er Jahren von Krupp gebaut wurde.

Das 9,5 m breite Raupengerät hatte seitdem insbesondere die rund 700 t schweren Bandantriebsstationen im Tagebau zu versetzen. Bei zentrischer Last sind mit dem 228 t schweren Fahrzeug gar 1000 t zu transportieren. Das nur rund 155 t schwere Schaufelrad stellte also kein allzu großes Problem für das Monstrum und seinen 200 kW / 272 PS starken Dieselmotor (Daimler Benz OM 403) dar.

Nachdem man das Schwergut auf einer speziell gefertigten Traverse befestigt hatte, ging es rund 200 m zum Verschrottungsplatz. Die nachfolgend umzusetzenden Teleskopkrane hoben dort die Last von der Raupe und legten es auf dem Boden ab.

Am darauffolgenden Tag wurde dann das neue Schaufelrad auf die Lastraupe verladen. Nun wurden die Krane wieder an den Schaufelradausleger versetzt um schließlich das neue Maschinenteil inzwischen routiniert einzubauen.

Nachdem in den darauf folgenden Wochen auch alle übrigen Komponenten wie Getriebe und Elektromotoren zum Einbau kamen, konnte Bagger 287 schließlich im September 2009 die Kohleförderung wieder aufnehmen.

Unweit der eigentlichen Baustelle hatte man das neue Schaufelrad auf sicheren Fundamenten zusammengefügt. Hierbei kam es auf Zehntelmillimeter an, ansonsten ist der ruhige Lauf im späteren Einsatzleben nicht zu gewährleisten

Schwer vorstellbar ist die Leistungsfähigkeit eines solchen Schaufelrades, wenn man die Weiten des Braunkohletagebaus betrachtet. Rund 200.000 m³ Tages-Förderleistung werden damit einmal angestrebt

Als kleinster Teleskopkran wartete ein 350-Tonner von Terex Demag auf seinen Einsatz

An der Lastraupe wurden derweil letzte Vorbereitungen an den eigens angefertigten Lastaufnahmen getroffen. Im gewöhnlichen Lastfall der rund 700 t schweren Bandantriebsstationen sind diese mittels vier hydraulischer Hubzylinder 800 mm anzuheben um sie dann auf den 2,5 m breiten Raupenbändern an den neuen Bestimmungsort zu schaffen

Deutlich zu sehen ist, dass die beiden Hauptkrane die 155 t schwere Last inzwischen vom Ausleger gelöst haben

Auf Einladung von RWE Power wurde die Hubaktion von einem Fernsehteam für eine sehr interessante Reportage gefilmt

Langsam wird das Schaufelrad frei geschwenkt

Der AC 350 wartete immer noch auf seinen Einsatz am doch recht eindrucksvollen Rad

Die ganze Aktion fand während recht abwechslungsreicher Bewölkung jedoch glücklicherweise ohne Regen statt

Neben dem rechten Kran ist das abgeplante Schaufelradgetriebe zu erkennen

Zwischenzeitlich wurde das Schaufelrad abgelassen um ein provisorisches Lastgestell zu demontieren, auf dem das Schwergut während der ersten Demontage geruht hatte

Links: **Die dritte Anschlagtraverse, die auch ein paar Tonnen wog, wird mitsamt eingehängtem Schäkel angeliefert.** Rechts: **Der große Radlader, hier allerdings mit Gabelvorrichtung im Einsatz, wirkt vor dem „Alteisen“ des Grabwerkzeuges doch recht klein**

Links: **Das Rad wird von den beiden Großkranen in Position gehalten. Mit dem Radlader wird die Anschlagvorrichtung bereitgestellt. Die Feinarbeit wird mit einigen handlichen Kettenzügen erledigt.** Rechts: **Die Arbeitsebene der Autokrane hatte man zur sicheren Auflage der Baggermatratzen sorgfältig eingeebnet und verfestigt**

Rechts oberhalb des 400-Tonners ist die Bedienkabine des Geräteführers von Bagger 287 zu sehen. Von dort hat er gute Sicht auf sein gewaltiges Grabwerkzeug

Links: **Den Nachführkran hatte man behutsam in Position geschwenkt um den Lasthaken anzuschlagen.** Rechts: **Nun kam langsam Zug auf die Nachführbeseilung**

Links: **In dieser bereits fortgeschrittenen „Niederlegung“ gab es einen deutlich wahrnehmbaren Schlag im System als der Schäkel des Nachführkrans zur Seite schlug. Die Auslegerspitze des 350-Tonners wippte während einiger Sekunden gut einen Meter nach.** Rechts: **Mächtig hochgestapelt hatte man das Gegengewicht am AC 350. Gut 142 t verkraftet der Kran an Ballast**

Auf rund 21,5 m Durchmesser kommt das Schaufelrad

Alle drei Großkrane hatten sich mit einem teilweisen Ausschub von drei Teleskopen begnügt

Geschafft, das Baustellenpersonal wendet sich erleichtert dem Geschehen ab. Für heute kann nicht mehr viel schief gehen…

In voller Fahrt, die da im Leerzustand maximal 25 m/min bedeutet, macht sich die Raupe auf den Weg zur Lastübernahme

Links: **Das 155 t schwere Leichtgewicht hatte man zur Übernahme noch einmal angelupft. Für die Raupe stellte die Last keine allzu große Herausforderung dar.** Rechts: **Hilfsgerät Nr. 732 war bereit zur Übernahme**

Teil 1 des Schaufelradwechsels war so gut wie geschafft. Unter dem Motto „sitzt, passt und hat Luft" wurde das Alteisen nur noch verlascht, so dass es nicht noch auf den letzten Metern herunter fallen konnte. Und dennoch wurde die letzte Fahrt des Schaufelrades noch einmal kurz unterbrochen. Eine Raupenkette des Trägerfahrzeuges sollte noch brechen und für eine Reparaturpause sorgen. Der Einbau des neuen Schaufelrades ging am darauf folgenden Tag ähnlich problemlos vonstatten, so dass Bagger 287 schließlich im September 2009 seine gewohnte Tagebauarbeit wieder aufnehmen konnte. Von dem Großgerät wird schließlich eine Einsatzdauer von mehr als 50 Jahren erwartet…

Weitere Bücher unseres Verlages

Fordern Sie unser Gesamtverzeichnis an mit Büchern über **Autos**, **Motorräder**, **Lastwagen**, **Traktoren**, **Feuerwehrfahrzeuge**, **Baumaschinen** und **Lokomotiven**:

Verlag Podszun Motorbücher GmbH
Elisabethstraße 23-25, 59929 Brilon
Telefon 02961-53213, Fax 02961-9639900
Email info@podszun-verlag.de
www.podszun-verlag.de

Bagger, Dampf- und Mobilkrane, Rammen, Stationäre Krananlagen, Gittermast-Autokrane

350 Seiten, 1050 Abbildungen
28 x 21 cm, fester Einband
Bestellnummer **421** EUR **49,90**

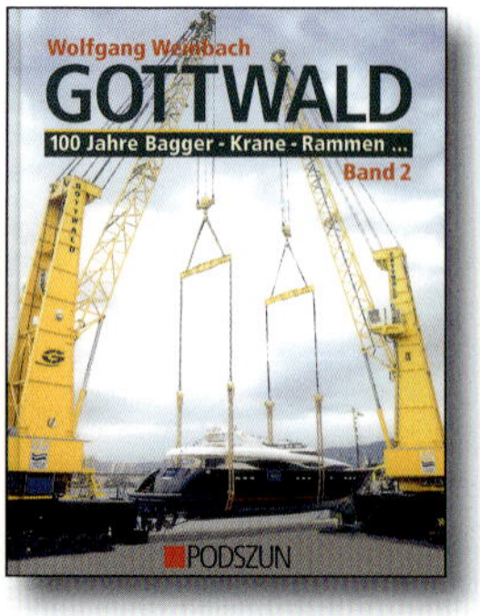

Teleskop-Autokrane, Feuerwehrkrane, Hafenmobilkrane, Spezialkrane, Sondergeräte u.a.

350 Seiten, 1025 Abbildungen
28 x 21 cm, fester Einband
Bestellnummer **422** EUR **49,90**

Umfassende Chronik aller deutschen Bagger von Alfawerk bis Zeppelin.

240 Seiten, 600 Abbildungen
28 x 21 cm, fester Einband
Bestellnummer **282** EUR **29,90**

Standardwerk und faszinierender Bildband für alle Liebhaber von Baumaschinen.

170 Seiten, 510 Abbildungen
28 x 21 cm, fester Einband
Bestellnummer **492** EUR **29,90**

Private Fotografien der legendären „Blauen Riesen aus Hamburg".

154 Seiten, 390 Abbildungen
28 x 21 cm, fester Einband
Bestellnummer **559** EUR **24,90**

Die Baumaschinen- und Fahrzeuggeschichte dieser populären Hersteller aus Schweden.

160 Seiten, 425 Abbildungen
28 x 21 cm, fester Einband
Bestellnummer **330** EUR **29,90**

Faszinierende Baumaschinen von Caterpillar im Einsatz rund um den Globus.

288 Seiten, 710 Abbildungen
28 x 21 cm, fester Einband
Bestellnummer **247** EUR **34,90**

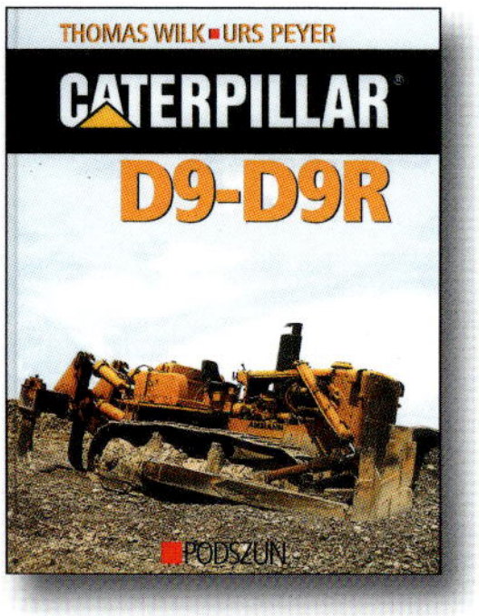

Das D9 Buch mit allen Daten, Typen, Zeichnungen und vielen unveröffentlichten Bildern.

200 Seiten, 380 Abbildungen
28 x 21 cm, fester Einband
Bestellnummer **290** EUR **34,90**

Chronik der Bölling Firmen von 1926 bis in die achtziger Jahre mit allen Fahrzeugen.

160 Seiten, 480 Abbildungen
28 x 21 cm, fester Einband
Bestellnummer **497** EUR **29,90**

35 Originalprospekte mit unzähligen Abbildungen, techn. Daten und Einsatzbeispielen.

144 Seiten, viele Abbildungen
29 x 21 cm, fester Einband
Bestellnummer **277** EUR **19,90**

Gummiraupenlader, Mehrkübelscraper, MBA Schleppschaufelbagger u.a.

144 Seiten, 270 Abbildungen
17 x 24 cm, Leinenbroschur
Bestellnummer **398** EUR **14,90**

Schreitbagger, Dreirädrige Baumaschinen, Bagger von Liebherr u.a.

144 Seiten, 285 Abbildungen
17 x 24 cm, Leinenbroschur
Bestellnummer **428** EUR **14,90**

Ahlmann, Zweiwegebagger, Abbruchspezialisten, Ruthemeyer-Dampfwalzen u.a.

144 Seiten, 305 Abbildungen
17 x 24 cm, Leinenbroschur
Bestellnummer **463** EUR **14,90**

Grabenfräsen, -bagger und -pflüge, Menk M 75, Atelfond, Uraltrac, Tagebau u.a.

144 Seiten, 295 Abbildungen
17 x 24 cm, Leinenbroschur
Bestellnummer **528** EUR **14,90**

Arbeitsschritte des Tagebaus und die jeweiligen Großgeräte und Baumaschinen.

208 Seiten, 510 Abbildungen
28 x 21 cm, fester Einband
Bestellnummer **357** EUR **34,90**

Die legendären Seilbagger von O&K anhand von 32 seltenen Original-Prospekten.

144 Seiten, viele Abbildungen
29 x 21 cm, fester Einband
Bestellnummer **273** EUR **19,90**

Gewaltige Autokrane aus den eigenen Werkstätten kennzeichnen die Geschichte der Firma.

170 Seiten, 450 Abbildungen
29 x 21 cm, fester Einband
Bestellnummer **534** EUR **29,90**

Umfassende Chronik, Technik und die Geschichte der Muldenkipper mit seltenen Fotos.

192 Seiten, 405 Abbildungen
28 x 21 cm, fester Einband
Bestellnummer **327** EUR **34,90**

Die Teleskop- und Gittermastkrane von Terex-Demag mit ihren enormen Hubleistungen.

144 Seiten, 410 Abbildungen
28 x 21 cm, fester Einband
Bestellnummer **513** EUR **24,90**

Geschichte und Technik der Turmdrehkrane und faszinierende Bilder spannender Einsätze.

170 Seiten, 510 Abbildungen
28 x 21 cm, fester Einband
Bestellnummer **560** EUR **29,90**

Der Unimog im Baueinsatz und seine Ausrüstungen von den Anfängen bis heute.

180 Seiten, 470 Abbildungen
28 x 21 cm, fester Einband
Bestellnummer **390** EUR **29,90**

Besondere Einsätze und techn. Highlights aus Geschichte und Gegenwart beider Firmen.

160 Seiten, 490 Abbildungen
28 x 21 cm, fester Einband
Bestellnummer **480** EUR **29,90**

61-B